◎郭 凯 主编　孔繁玉 张有宽 副主编

Web前端开发实战

清华大学出版社

北京

内 容 简 介

随着浏览器性能的不断提升，越来越多的应用从 C 端(客户端)转入了 B 端(浏览器端)，浏览器 Web 应用开发需求越来越多，逐渐形成了一个围绕浏览器的完整生态。本书通过 Web 应用开发入门实例，利用 HTML5、CSS3 系统讲解了 Web 前端开发中的基础理论知识及项目开发方案。

本书共分为 13 章，内容包括前端开发简介、网页排版实战、表格案例实战、表单案例实战、CSS 布局——个人简历制作、个性化的 CSS、定位布局、弹性盒子布局、网格布局、响应式布局、移动端布局、长页面布局、响应式布局。

本书可作为前端开发初学者的入门书籍，也可作为前端开发工作人员的实战练习书籍，还可作为高等院校计算机相关专业的教材或教学参考书。

图书在版编目(CIP)数据

Web 前端开发实战 / 郭凯主编. —北京：清华大学出版社，2023.8

ISBN 978-7-302-64360-9

Ⅰ. ①W… Ⅱ. ①郭… Ⅲ. ①网页制作工具 Ⅳ. ①TP393.092.2

中国国家版本馆 CIP 数据核字(2023)第 144316 号

责任编辑：刘金喜
封面设计：高娟妮
版式设计：孔祥峰
责任校对：成凤进
责任印制：刘海龙

出版发行：清华大学出版社

网　　　址：http://www.tup.com.cn，http://www.wqbook.com
地　　　址：北京清华大学学研大厦 A 座　　　　　邮　　编：100084
社 总 机：010-83470000　　　　　　　　　　　邮　　购：010-62786544
投稿与读者服务：010-62776969，c-service@tup.tsinghua.edu.cn
质 量 反 馈：010-62772015，zhiliang@tup.tsinghua.edu.cn

印 装 者：大厂回族自治县彩虹印刷有限公司
经　　销：全国新华书店
开　　本：185mm×260mm　　　　印　　张：20.5　　　字　　数：524 千字
版　　次：2023 年 9 月第 1 版　　　印　　次：2023 年 9 月第 1 次印刷
定　　价：69.80 元

产品编号：100100-01

编委会

PREFACE

我国的"十四五"规划纲要专门设置了"加快数字化发展,建设数字中国"篇,并对加快建设数字经济、数字社会、数字政府,营造良好的数字生态作出了明确部署。"数字技术正以新理念、新业态、新模式全面融入人类经济、政治、文化、社会、生态文明建设各领域和全过程,给人类生产生活带来广泛而深刻的影响。"近年来,数字技术创新和迭代速度明显加快,在提高社会生产力、优化资源配置的同时,也带来一些新问题、新挑战,迫切需要对数字化发展进行治理,营造良好的数字生态。这将推动营造开放、健康、安全的数字生态,加快数字中国建设进程。国家对数字化的大力发展,将掀起前端开发的大浪潮,数字中国最终落地项目将以浏览器端的项目为主。基于此,各个企业急需各种掌握前端开发技术的人才,而目前市场上前端技术相关人才又存在较大缺口。本书正是在这个背景下创作而成。

本书内容

本书是一本深入浅出地介绍前端开发技术的书籍,旨在帮助读者快速掌握前端开发相关技术。本书详细介绍前端开发的基本知识和具体应用,内容包括 HTML 网页排版实战、表格案例实战、表单案例实战、CSS 布局案例、响应式布局案例、移动端应用开发案例以及综合布局案例等,涵盖前端开发的多个方面。通过本书,读者能够更好地掌握前端开发的基本概念和实践技术。

本书共分 13 章,每章由基础理论知识+实战项目组成,这样的设计能够使读者更好地进行前端开发的入门学习,并在每章的实战项目中,对该章知识点进行巩固,以更系统地掌握所学习的内容。

本书目的

通过本书的学习,读者可以完成现今前端开发行业中最流行的布局方案及项目开发,并掌握基于 HTML5+CSS3 的项目开发流程,最终能够独立完成全端项目界面的部署。

适用对象

本书可作为前端开发初学者的入门书籍,也可作为前端开发技术人员的实战练习书籍,还可作为高等院校计算机相关专业的教材或教学参考书。本书是真正意义上面向零基础的以实操案例为主的入门书籍，学习本书不要求读者具备任何编程基础。本书每章的实战内容都有详细的步骤讲解，即使读者没有任何编程基础，也可通过学习书中的步骤搭建自己的前端网页，快速掌握前端开发相关技术，并胜任前端项目开发的工作。

本书由郭凯任主编，孔繁玉、张有宽任副主编，编写过程中参考了国内外一些相关书籍，谨向这些作者表示诚挚的感谢。由于时间仓促，加之编者水平有限，书中难免存在不足之处，敬请广大读者批评指正。

本书 PPT 教学课件和案例源文件可通过扫描下方二维码下载。

服务邮箱：476371891@qq.com。

教学资源

编　者

2023 年 3 月

C O N T E N T S

第 1 章

前端开发简介

前端开发指在制作 Web 页面期间，开发人员通过 HTML、CSS 和 JavaScript 以及相关的框架，实现网页界面的过程。Web 前端开发就业前景可观，目前人才需求量大、薪资待遇高、就业方向多、发展前景较好。

本章学习目标

◎ 了解前端开发的发展历史

◎ 了解常见的开发工具

◎ 了解什么是 HTML 和 CSS

1.1 前端开发的前世今生

早期的 Web 界面都是在 PC 端的浏览器上进行渲染的，它的作用也仅仅是填写并提交表单；界面都以静态为主，代码组织非常简单。2012 年之后，HTML5 技术有了更进一步的发展，标签语义更加明确，还有丰富的媒体支持，本地数据的存储技术和画布(canvas)元素被广泛应用。近年来，单页面应用程序、响应式开发、动态加载、组件化等在前端开发领域逐渐盛行，迎来了前端开发的蓬勃发展。

1.1.1 什么是前端开发

前端，是网站的前台部分；是指运行在 PC 端、移动端等浏览器上展现给用户浏览的网页。前端开发指制作 Web 或者 App 等前端界面的过程，是通过 HTML、CSS 及 JavaScript 以及通过它们封装的各种类库、框架、解决方案，实现互联网产品的用户界面交互效果。前端开发是一种将数据和设计图转换为图形界面的实践过程。

前端开发从早期的网页开发与制作分化而来。在互联网的演化进程中，网页制作是 Web 1.0时代工作的主要特色，早期网站主要是静态网页，以图片和文字展示为主，用户使用网站也以浏览信息为主。随着移动互联网技术的发展和 HTML5、CSS3 的应用，现在的网页更加美观，交互效果显著，功能更加强大，用户体验也更好。

1.1.2　前端开发的发展历程

1. 原始阶段

前端开发最原始的阶段是直接使用 HTML、CSS 和 JavaScript 制作页面，此时的网页多是以纯 HTML 为主要开发方式，都是纯静态的网页，网页只能浏览，缺乏互动效果，信息流只是通过服务器到客户端的单向流通，属于 Web 1.0 时代。从 Web 诞生以来到 2005 年，一直处于此种状态，后端主导项目，前端只是负责制作 HTML 页面。

2. 第一次前端革命

在原始阶段，前端页面想要获取后台数据，需要整体刷新页面，这样会出现一个闪现的空白页面，用户体验十分不友好。2005 年，AJAX 技术的诞生，不需要刷新页面，就可以使前后端数据进行网络交互，极大地改善了用户体验。同时也使用户局部刷新网页内容和动态获取数据成为可能，客户端和服务器端数据交互非常方便，由此进入 Web 2.0 时代。

因此可以说成熟的 AJAX 技术，促进了第一次前端革命的到来。

第一次前端革命以 jQuery 为代表。jQuery 等前端类库做了底层的浏览器兼容，并且提供了方便的 API，提高了代码的可维护性，更是极大地提高了开发效率。

3. 第二次前端革命

2009 年，Ryan Dahl 将谷歌浏览器的 JavaScript 引擎(V8 引擎)从浏览器中取出，并在之上添加了更多功能，使 JavaScript 拥有了独立于浏览器的运行环境，这就是 Node.js。此时，那些后端能实现的功能，前端开发者通过 Node.js 也可以完美实现。与此同时，AngularJS 诞生，AngularJS 有诸多特性，最为核心的是 MVVM、模块化、自动化双向数据绑定、语义化标签、依赖注入等。

第二次前端革命意味着在前端可以进行组件化开发，开发者只需要开发项目组件，就能快速完成一个项目，甚至可以通过适配来运行小程序、native 等多端环境。同时，利用相应的编译工具 WebPack，在前端可以直接完成一些编译、打包等工程化功能；在极大地提高项目性能的同时增强了项目的可维护性。

1.2　前端开发工具介绍

"工欲善其事，必先利其器。"对于一名前端开发人员来说，有一个使用起来得心应手的开发工具非常重要，也是任何编写代码的人必不可少的利器。拥有一个好的开发工具，可以提高开发效率，快速完成产品开发。本节将介绍常用的前端开发工具。

1.2.1　Visual Studio Code

Visual Studio Code(简称为 VS Code)是 Microsoft 公司在 2015 年 4 月 30 日 Build 开发者大会上正式宣布的一个运行于 macOS、Windows 和 Linux 之上的，针对于编写现代 Web 和云应用的跨平台源代码编辑器，它具有对 JavaScript、TypeScript 和 Node.js 的内置支持，并具有丰富的其他语言和运行时扩展的生态系统。其主要特点是：智能感知、语法高亮和自动完成、内置 Git 命令、开箱即用、可扩展和可定制。该工具的官方下载地址为 https://code.visualstudio.com，官方网站界面如图 1-1 所示。

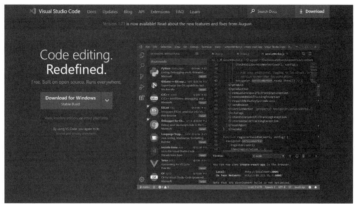

图 1-1　Visual Studio Code 官方网站界面

1.2.2　WebStorm

WebStorm 是 JetBrains 公司旗下的一款 JavaScript 开发工具，已被广大 JavaScript 开发者誉为"Web 前端开发神器""最强大的 HTML5 编辑器""最智能的 JavaScript IDE"等；与 IntelliJ IDEA 同源，继承了 IntelliJ IDEA 强大的 JavaScript 部分的功能；也存在一定的问题：占内存大、启动慢、对计算机配置有一定要求。该工具的官方下载地址为 https://www.jetbrains.com/webstorm，官方网站界面如图 1-2 所示。

图 1-2　WebStorm 官方网站界面

1.2.3　HBuilder X

HBuilder 是 DCloud 公司推出的一款支持 HTML5 的 Web 开发 IDE。HBuilder X 简称为 HX，是 HBuilder 的下一代版本。HX 是一款免费的、轻如编辑器、强如 IDE 的合体版本。HX 的主要特点是：轻巧、极速；强大的语法提示、专为 Vue 打造、清爽护眼的界面、高效极客操作模式、markdown 优先。该工具的官方下载地址为 https://www.dcloud.io/hbuilderx.html，官方网站界面如图 1-3 所示。

图 1-3　HBuilderX 官方网站界面

1.2.4　Sublime Text

Sublime Text 是一个文本编辑器(收费软件，可以无限期试用)，同时也是一个先进的代码编辑器。Sublime Text 由程序员 Jon Skinner 于 2008 年 1 月开发出来，它最初被设计为一个具有丰富扩展功能的 Vim。

Sublime Text 具有漂亮的用户界面和强大的功能，Sublime Text 的主要功能包括：拼写检查、书签、完整的 Python API 提醒、Goto 功能、即时项目切换、多选择标签、多窗口等。Sublime Text 是一个跨平台的编辑器，同时支持 Windows、Linux、macOS 等操作系统。该工具的官方下载地址为 http://www.sublimetext.com，官方网站界面如图 1-4 所示。

图 1-4　Sublime Text 官方网站界面

1.2.5 前端开发工具的安装

前面小节中介绍的多种开发工具中，目前前端开发工程师使用最多的是 VS Code，因此本书中的所有项目均以 VS Code 作为开发工具。

下面，我们讲解前端开发工具 VS Code 的下载、安装及配置过程。

1. 下载 VSCode

(1) 打开浏览器访问 VS Code 官方网站 https://code.visualstudio.com，如图 1-5 所示。

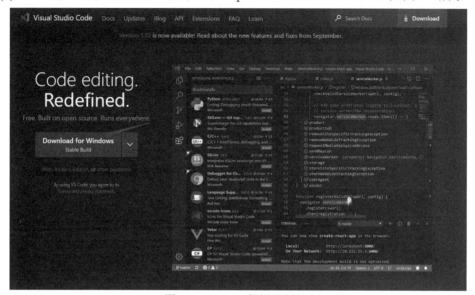

图 1-5　VSCode 官方网站界面

(2) 单击网页中的"Download for Windows"蓝色按钮，浏览器随即开始下载。默认下载位置为计算机的下载文件夹，如图 1-6 所示。

图 1-6　VS Code 安装程序

2. 安装 VSCode

(1) 双击上一步下载的"VSCodeUserSetup-x64-1.72.2"，打开安装程序，如图 1-7 所示。

(2) 选择"我同意此协议"，并单击"下一步"按钮，进入"选择目标位置"界面，如图 1-8所示。

图 1-7　VS Code 安装程序界面　　　　　　　图 1-8　设置 VS Code 安装目录

（3）设置合适的安装目录后，单击"下一步"按钮，进入"选择开始菜单文件夹"界面，如图 1-9 所示。

（4）不需要进行任何操作，直接单击"下一步"按钮，进入"选择附加任务"界面，如图 1-10 所示。

图 1-9　选择开始菜单文件夹　　　　　　　　图 1-10　选择附加任务

（5）勾选所有的可勾选项后，单击"下一步"按钮，进入"准备安装"界面，如图 1-11 所示。

（6）单击"安装"按钮开始安装，如图 1-12 所示。

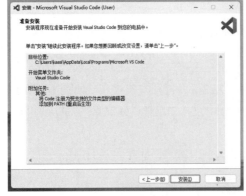

图 1-11　准备安装　　　　　　　　　　　　图 1-12　开始安装

（7）等待安装完成，即可开始使用 VS Code，如图 1-13 所示。

图 1-13　VS Code 安装完成

（8）单击"完成"按钮即可完成安装并打开 VS Code，如图 1-14 所示。

3. 设置 VS Code 中文语言

第一次打开 VS Code 时，VS Code 默认语言为英文，如图 1-14 所示。

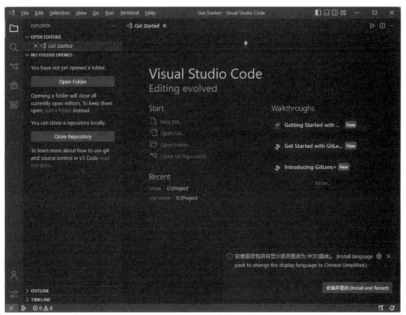

图 1-14　首次打开 VS Code

单击右下角的按钮"安装并重启(Install and Restart)"，之后 VS Code 会自动安装中文插件并重启，重启后，VS Code 将更改为中文界面，如图 1-15 所示。

开发工具 VS Code 的安装到此结束，在接下来的章节中，我们将利用 VS Code 进行前端开发的学习。

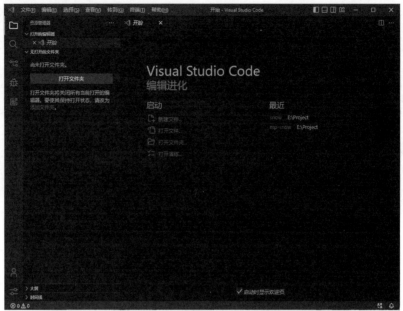

图 1-15　VSCode 中文界面

1.3 前端开发技术介绍

本节主要讲解的前端开发技术有 HTML、CSS 和 JavaScript。在网页开发中，HTML 主要用于组成网页的基本结构；CSS 用于给网页设置样式，让网页变得更加美观；JavaScript 实现网页中的人机交互。

1.3.1　HTML

1. 什么是 HTML

HTML 的全称是 Hyper Text Markup Language(超文本标记语言)，是一种标记语言。它包括一系列标签，通过这些标签可以将网络上的文档格式统一，使分散的 Internet 资源连接为一个逻辑整体。HTML 文本是由 HTML 标签组成的描述性文本，HTML 标签可以描述文字、图形、动画、声音、表格、链接等。

2. HTML 的发展历史

(1) HTML 2.0

1995 年 11 月 HTML 2.0 版本发布，但该版本在 2000 年 6 月发布了 XHTML 1.0 版本后宣布废弃。

(2) HTML 3.2

1997 年 1 月 14 日，W3C 组织发布了 HTML 3.2 版本，该版本是 HTML 文档第一个被广泛使用的标准。由于该版本年代较早，很多东西都已经过时，在 2018 年 3 月 15 日被取消作为标准。

(3) HTML 4.0

1997 年 12 月 18 日，W3C 组织发布了 HTML 4.0 版本，它是 HTML 文档另一个重要的、被广泛使用的标准。

(4) HTML 4.01

1999 年 12 月 24 日，W3C 组织发布了 HTML 4.01 版本。这也是另一个被广泛使用的标准。

(5) XHTML 1.0

2000 年 1 月 26 日，W3C 组织推荐 XHTML 1.0 成为新的 HTML 标准。后来经过修订于 2002 年 8 月重新发布。

(6) XHTML 1.1

XHTML 最后的独立标准，2.0 版本止于草案阶段。XHTML5 则是属于 HTML5 标准的一部分，且名称已改为"以 XML 序列化的 HTML5"，而非"可扩展的 HTML"。

(7) HTML5

HTML5 技术结合了 HTML 4.01 的相关标准并革新，符合现代网络发展的要求，在 2008 年正式发布。

目前，前端开发使用的是 HTML5 标准，本书中会以 HTML5 标准作为学习的版本。

3. HTML 的特点

HTML 开发简单，但功能强大，支持不同数据格式的文件嵌入，这也是网页盛行的原因之一，其主要特点如下。

(1) 简易性

HTML 版本升级采用超集方式，从而更加灵活方便。

(2) 可扩展性

HTML 的广泛应用带来了加强功能，增加了标识符等要求，超文本标记语言采取子类元素的方式，为系统扩展带来了保证。

(3) 平台无关性

HTML 运行在浏览器中，同时大部分平台都有浏览器，所以 HTML 与平台无关，只要有浏览器的平台，就可以使用 HTML。

(4) 通用性

HTML 是网络的通用语言，是一种简单、通用的全置标记语言。它允许前端开发工程师建立文本与图片相结合的复杂页面，这些页面允许网上的任何用户浏览，无论他们使用的是什么类型的计算机或浏览器。

1.3.2　CSS

1. 什么是 CSS

层叠样式表(Cascading Style Sheets，CSS)是一种用来表现 HTML 文件样式的计算机语言。CSS 不仅可以静态地修饰网页，还可以配合各种脚本语言动态地对网页的各元素进行格式化。

CSS 能够对网页中元素位置的排版进行像素级精确控制，支持几乎所有的字体与字号样式，拥有对网页对象和模型样式编辑的能力。

简单地说，层叠就是对一个元素多次设置同一个样式，并使用最后一次设置的属性值。

例如，对一个站点中的多个页面使用了同一套 CSS，而某些页面中的某些元素想使用其他样式，就可以针对这些样式单独定义一个样式表应用到页面中。这些后来定义的样式将对前面的样式设置进行重写，在浏览器中看到的将是最后设置的样式效果。

2. CSS 的发展史

(1) CSS 1.0

CSS 最初于 1996 年 12 月 17 日发布，由用于设置字体样式的属性组成，例如字体和文本的颜色、背景和其他元素。

(2) CSS 2.0

CSS 2.0 于 1998 年发布，为其他媒体类型添加了样式，以便用于页面布局。

(3) CSS 2.1

CSS 2.1 是 CSS 2.0 的第一次修订版，其基于 CSS 2.0 构建，纠正了 CSS 2.0 中的一些错误，并添加了一些已经被广泛实现的特性。

(4) CSS 3.0

CSS 3.0 是 CSS 2.0 的升级版本，3.0 只是版本号，它在 CSS 2.1 的基础上增加了很多强大的新功能。目前主流浏览器 Chrome、Safari、Firefox、Edge 已经支持 CSS 3.0 的绝大部分功能。

目前，前端开发使用的是 CSS 3.0 版本，本书中会以 CSS 3.0 标准作为学习的版本。

3. CSS 的特点

(1) 节省时间

可以编写一次 CSS，然后在多个 HTML 页面中通过外部引入多次重复使用。

(2) 页面加载速度更快

通过使用 CSS，就不需要每次都编写 HTML 标记属性，只需要编写一个标记的 CSS 规则，并将其应用于该标记的所有实例，因此代码大大减少，也就意味着下载时间缩短。

(3) 易于维护

如果要进行全局更改，则只需更改样式，所有网页中的所有元素都将会被自动更新。

(4) 多设备兼容性

CSS 样式允许针对多种不同类型的设备进行内容优化，更容易实现多设备兼容。

1.3.3　JavaScript

1. 什么是 JavaScript

JavaScript(简称 JS)是当前最流行、应用最广泛的客户端脚本语言，可以从服务器端获取数据并更新到网页上显示出来；可修改某些标签的样式使其样式更加生动，也可以修改标签内的内容等，其在 Web 开发领域有着举足轻重的地位。

JavaScript 的标准是 ECMAScript。截至 2012 年，所有浏览器都完整地支持 ECMAScript 5.1，像 IE 7+比较低版本的浏览器也能够支持 ECMAScript 3.0。2015 年 6 月 17 日，ECMA 国际组织发布了 ECMAScript 的第 6 版，该版本的正式名称为 ECMAScript 2015，但通常被开发者称为 ECMAScript 6 或者 ES 2015。在 ECMAScript 2015 之后优化的版本也被统称为 ECMAScript 6 或者 ES 2015。

2. JavaScript 的发展史

(1) ECMAScript 1.0 发布

1997 年，ECMA 组织发布 262 号标准文件(ECMA-262)，其中规定了浏览器脚本语言的标准，并将这种语言作为 ECMAScript，至此 ECMAScript 1.0 诞生。

(2) ECMAScript 2.0 发布

1998 年，ECMAScript 2.0 发布的版本属于 ECMAScript 1.0 的维护版本，只添加了一些语法说明。

(3) ECMAScript 3.0 发布

1999 年，ECMAScript 3.0 的发布改善了正则表达式、异步处理以及 switch 语句。

(4) ECMAScript 5 发布

2007—2009 年，ECMAScript 4.0 草案发布，对 ECMAScript 3.0 版本做了大幅度的优化，但是草案过于激进，各方发生严重分歧并且中止了 4.0 的开发，将其中涉及现有功能改善的一小部分发布为 ECMAScript 3.1，在此不久改名为 ECMAScript 5。

(5) EMAScript 5.1 发布

2011 年，ECMAScript 5.1 发布，并成为 ISO 标准，到了 2012 年，所有主要浏览器都支持 ECMAScript 5.1 的全部功能。

(6) ECMAScript 6 发布

2015 年正式发布 ECMAScript 6，更名为 ECMAScript 2015。在 2015 年之后发布的每一新的版本也被统称为 ECMAScript 6。

3. JavaScript 的特点

(1) 脚本语言

JavaScript 是一种解释型脚本语言，与 C、C++等语言需要先编译再运行不同，使用 JavaScript 编写的代码不需要编译，可以直接运行。

(2) 基于对象

JavaScript 是一种基于对象的语言，使用 JavaScript 不仅可以创建对象，也能操作使用已有的对象。

(3) 简单化

JavaScript 语言中采用的是弱类型的变量类型，对使用的数据类型没有严格的要求，可以将一个变量初始化为任意类型，也可以随时改变这个变量的类型。

(4) 动态性

JavaScript 是一种采用事件驱动的脚本语言，它不需经过 Web 服务器就可以对用户的输入做出响应。当我们访问一个网页，使用鼠标在网页中进行点击或滚动窗口时，通过 JavaScript 可以直接对这些事件做出响应。

(5) 跨平台

JavaScript 不依赖操作系统,仅在浏览器中就可以运行。因此一个 JavaScript 脚本在编写完成后可以在任意系统上运行,只需要系统上的浏览器支持 JavaScript 即可。

1.3.4 前端框架简介

1. Vue

Vue 是一套用于构建用户界面的渐进式的 JavaScript 框架,发布于 2014 年 2 月。与其他大型框架不同,Vue 被设计为可以自底向上逐层应用。Vue 的核心库只关注视图层,不仅易于上手,还便于与第三方库及已有项目进行整合,另一方面,当与现代化的工具链以及各种支持类库结合使用时,Vue 也完全能够为复杂的单页应用提供驱动。

2. React

React 起源于 Facebook 的内部项目,因为该公司对市场上所有 JavaScript MVC 框架都不满意,就决定自己写一套,用来设计 Instagram 的网站。React 能够将数据渲染为 HTML 视图以构建用户界面,并且在 2013 年 React 正式开源,截至 2022 年,React 已经成为全球最流行的框架之一。

1.4 本章练习

1. 下列选项中,不是前端开发核心技术的是( )。
   A. Java   B. JavaScript   C. CSS   D. HTML
2. 下列选项中,( )不是前端开发常用的开发工具。
   A. VS Code   B. 文本编辑器   C. WebStorm   D. HBuilder X
3. 前端开发目前使用的 HTML 版本是( )。
   A. HTML 2.0   B. HTML 4 .0   C. HTML 4.01   D. HTML5
4. 前端开发目前使用的 CSS 版本是( )。
   A. CSS 1.0   B. CSS 2.0   C. CSS 3.0   D. CSS 4.0
5. 关于前端开发相关技术,下列中描述错误的是( )。
   A. HTML 用来定义网页结构
   B. HTML 全称为超文本标记语言
   C. CSS 全称为层叠样式表
   D. XHTML 1.0 是前端开发使用的主流版本

第 **2** 章

网页排版实战

网页是网站中的一"页"，通常是 HTML 格式的文件，它通过浏览器来呈现。网页是构成网站的基本元素，它通常由图片、链接、文字、声音、视频等元素组成。平时我们看到的网页，多是以.html 或.htm 为扩展名的文件，因此也将其称为 HTML 文件。

本章学习目标

◎ 了解 HTML 文档结构的搭建
◎ 了解 HTML 标签的格式
◎ 熟练掌握 HTML 常用标签的作用以及使用方式
◎ 会使用标签进行页面布局

2.1 HTML 文档的基本结构

所谓的 HTML 文件，就是包含有特殊标记文本的网页文件。HTML 文件以标签<html>作为开始，以</html>作为结束。中间被分割成两部分：文件头部<head>部分和文件主体<body>部分。文件头部主要描述文件的总体信息，主体部分主要描述 HTML 文件的具体文本内容。

一个简单的 HTML 文件示例，代码如下所示。

```html
<html>
    <head>
        <title>这是一个简单的HTML案例</title>
    </head>
    <body>
        Hello world 这是一个简单的HTML案例
    </body>
</html>
```

最终效果如图 2-1 所示。

图 2-1　一个简单的 HTML 文件示例

2.2　HTML 标签语法

HTML 标签是指超文本标记语言的标记标签，HTML 标签是 HTML 语言中最基本的单位，是 HTML 最重要的组成部分。HTML 标签的特点：由尖括号包围的关键词，如"<html>"，通常是成对出现的。

2.2.1　标签类型

HTML 文档由标签和标签的内容组成。一个完整的 HTML 元素就是从开始标签到结束标签之间的所有内容，格式为：

```
<标签关键词>标签的内容</标签关键词>
```

例如，"<a>超链接标签</a>"就是一个 HTML 标签，其中<a>为开始标签，</a>为结束标签，"超链接标签"是标签的内容。

有些标签不包含具体的内容，我们称之为空标签。空标签只有开始标签，没有结束标签，没有具体的内容，例如<hr>。在早期的 HTML 规范中，我们需要给空标签结尾添加"/"，"<hr>"就可以写成"<hr />"，但是在最新的 HTML5 标准中，建议不写"/"。

大部分的标签可以拥有若干个属性。

HTML 标签分为行级标签和块级标签。行级标签可以和其他元素保持在同一行，不可以自动换行，不能设置宽、高，一般只能接收文字，如<a>、<em>、<span>、<strong>等；块级标签不可以和其他元素保持在同一行(独占一行)，可以自动换行，能设置宽、高，如<div>、<p>、<h1>等。大部分的 HTML 标签是可以嵌套其他 HTML 标签的。而 HTML 文档也由嵌套的 HTML 标签构成，代码如下所示。

```
<html>
    <head>
```

```
        <meta charset="UTF-8"/>
        <title>标题内容</title>
    </head>
    <body>
        <p>这是一个段落标签</p>
    </body>
</html>
```

标签具体说明如下：

1. <html>标签

<html>标签用来定义一个 HTML 文档，这个标签有一个<html>开始标签和</html>结束标签，<html>标签里面嵌套了两个标签，分别是<head>头部标签和<body>身体标签。

2. <head>标签

<head>标签表示 HTML 文档的头部内容，这个标签有一个<head>开始标签和</head>结束标签，里面嵌套了两个标签，分别是<meta>标签和<title>标签。

3. <body>标签

<body>标签是 HTML 文档的主体，表示网页的主体内容部分，这个标签有一个<body>开始标签和</body>结束标签，里面包含了另一个 HTML 标签<p>标签。

4. <meta>标签

<meta>标签是一个空标签，只有开始标签，没有结束标签，空标签中不能包含其他标签。

2.2.2　标签属性

HTML 标签可以拥有属性。属性提供了有关 HTML 标签的更多信息。属性总是以名称/值对的形式出现，比如：name="value"。属性总是在 HTML 标签的开始标签中指定。

HTML 文档中有近百种不同的元素，每个标签有各自不同的属性，但它们也拥有一些共同的属性，包括：

(1) 核心属性(id、class、style、title、name 等)。

(2) 事件属性(onclick、onmouseover 等)。

接下来学习如何设置 HTML 标签的属性。

1. href 属性

链接的地址在 href 属性中指定，如<a href="http://www.baidu.com">百度</a>。

2. id 属性

id 在 HTML 中的作用是给一个标签一个独一无二的标识，让浏览器在解析网页的时候能够快速找到 id 所在的位置。

如果想要区分不同的 HTML 标签，就可以通过添加 id 来实现。例如：

```
<标签 id="r1">
<标签 id="r2">
```

3. class 属性

class 属性定义了元素的类名。class 属性通常用于指向样式表的类。但是，它也可以用在 JavaScript 中(通过 HTML DOM)修改 HTML 元素的类名。

注意：属性和属性值对大小写不敏感。不过，万维网联盟在其 HTML 4.0 推荐标准中推荐小写的属性/属性值。而新版本的 HTML/XHTML 要求使用小写属性。属性值应该始终被包括在引号内(单引号或者双引号都可以)。但是双引号中不能使用双引号，单引号中不能使用单引号，例如：

```
<p name='I wanted to say "hello world" '></p>
```

2.3 | HTML 常用标签

HTML 的常用标签有标题标签、段落标签、文本格式化标签、列表标签、图片标签、超链接标签、注释标签、换行标签、水平线标签等。

2.3.1 标题标签

<h1>~<h6> 标签可定义标题。<h1> 定义最大的标题。<h6> 定义最小的标题。可以通过设置不同的标题，为文章增加条理性。标题标签的格式为：

```
<h#>标题内容</h#>
```

以下代码显示了 6 个不同的标题标签的效果，代码如下所示。

```
<html>
    <head>
        <title>h#标题标签</title>
    </head>
    <body>
        <h1>标题标签 1</h1>
        <h2>标题标签 2</h2>
        <h3>标题标签 3</h3>
        <h4>标题标签 4</h4>
        <h5>标题标签 5</h5>
        <h6>标题标签 6</h6>
    </body>
</html>
```

最终效果如图 2-2 所示。

图 2-2　设置标题文字大小

2.3.2　段落标签

<p>标签用来定义段落，<p>标签会自动在其前后创建一些空白。浏览器会自动添加这些空白，也可以在样式表中规定。在表示文章页面中，想要添加不同的段落，可以使用<p>标签。

```
<p align="left|center|right">段落标签</p>
```

使用<p>标签实现文章排版案例，代码如下所示。

```
<h1>这是一个标题</h1>
<p>这是第一个段落</p>
<p>这是第二个段落</p>
<p>这是第三个段落</p>
<p>这是第四个段落</p>
```

最终效果如图 2-3 所示。

图 2-3　使用<p>标签实现段落排版

2.3.3　文本格式化标签

1. <em>标签

<em>标签用于将文本定义为强调的内容，在网页中的表现形式为斜体。

2. <strong>标签

<strong>标签用于将文本定义为语气更强的强调的内容，在网页中的表现形式为加粗。

3. <i>标签

<i>标签和基于内容的样式标签<em>类似。它告诉浏览器将包含其中的文本以斜体字(italic)或者倾斜(oblique)字体显示。但是没有强调语气的作用。

4. <del>标签

<del>标签定义文档中已被删除的文本。

5. <sub>标签

<sub>标签可定义下标文本。包含在_{标签和其结束标签}中的内容将会以当前文本流中字符高度的一半来显示，但是与当前文本流中文字的字体和字号都是一样的。一般情况下在数学等式、科学符号和化学公式中用得比较多。

6. <sup>标签

<sup>标签可定义上标文本。包含在^{标签和其结束标签}中的内容将会以当前文本流中字符高度的一半来显示。

对以上标签举例，代码如下所示。

```
<p>em: 这是一个<em>em 标签</em></p>
<p>strong: 这是一个<strong>strong 标签</strong></p>
<p>i: 这是一个<i>i 标签</i></p>
<p>del: <br>原价: <del>999.99</del><br>现价: 99.9</p>
<p>sub: C+O<sub>2</sub>=CO<sub>2</sub></p>
<p>sup: 2<sup>2</sup>+3<sup>2</sup>=13</p>
```

最终效果如图 2-4 所示。

图 2-4　文本格式化标签示例

2.3.4　列表标签

容器里面装载的结构、样式一致的文字或图表叫作列表。列表标签是网页结构中常用的标签。网页中的列表按照列表结构划分通常分为 3 类，分别是无序列表、有序列表和定义列表。

1．无序列表

无序列表是一个项目的列表，此列项目使用粗体圆点(典型的小黑圆点)进行标记，还可以使用空心圆或者实心方形。无序列表始于<ul>标签，每个列表项始于<li>标签，其格式为。

```
<ul>
    <li type="disc|square|circle">牛奶</li>
    <li>咖啡</li>
    <li>茶</li>
</ul>
```

(1) 使用<ul>标签实现实心圆及城市列表，代码如下所示。

```
<ul>
    <li>北京</li>
    <li>上海</li>
    <li>广州</li>
    <li>深圳</li>
</ul>
```

最终效果如图 2-5 所示。

- **北京**
- **上海**
- **广州**
- **深圳**

图 2-5　实心圆及城市列表

(2) 使用<ul>标签实现空心圆及城市列表，代码如下所示。

```
<ul type="circle">
    <li>北京</li>
    <li>上海</li>
    <li>广州</li>
    <li>深圳</li>
</ul>
```

最终效果如图 2-6 所示。

○ **北京**
○ **上海**
○ **广州**
○ **深圳**

图 2-6　空心圆及城市列表

(3) 使用<ul>标签实现实心方块及城市列表，代码如下所示。

```
<ul type="square">
    <li>北京</li>
    <li>上海</li>
    <li>广州</li>
```

```
    <li>深圳</li>
</ul>
```

最终效果如图 2-7 所示。

- 北京
- 上海
- 广州
- 深圳

图 2-7　实心方块及城市列表

2. 有序列表

有序列表也是一列项目，列表项目使用数字进行标记，有序列表始于<ol>标签。每个列表项始于<li>标签。

```
<ol>
    <li type="i|I|a|A|1" start="number">苹果</li>
    <li>香蕉</li>
    <li>草莓</li>
</ol>
```

(1) 使用<ol>标签实现数字排序的前端技术列表，代码如下所示。

```
<ol>
    <li>HTML</li>
    <li>CSS</li>
    <li>JS</li>
    <li>jQuery</li>
    <li>Vue.js</li>
</ol>
```

最终效果如图 2-8 所示。

1. HTML
2. CSS
3. JS
4. jQuery
5. Vue.js

图 2-8　使用<ol>标签实现数字排序的前端技术列表

(2) 使用<ol>标签实现大写字母排序的前端技术列表，代码如下所示。

```
<ol  type="A">
    <li>HTML</li>
    <li>CSS</li>
    <li>JS</li>
    <li>jQuery</li>
    <li>Vue.js</li>
</ol>
```

最终效果如图 2-9 所示。

```
A. HTML
B. CSS
C. JS
D. jQuery
E. Vue.js
```

图 2-9　使用<ol>标签实现大写字母排序的前端技术列表

(3) 使用<ol>标签实现小写字母排序的前端技术列表，代码如下所示。

```
<ol type="a">
    <li>HTML</li>
    <li>CSS</li>
    <li>JS</li>
    <li>jQuery</li>
    <li>Vue.js</li>
</ol>
```

最终效果如图 2-10 所示。

```
a. HTML
b. CSS
c. JS
d. jQuery
e. Vue.js
```

图 2-10　使用<ol>标签实现小写字母排序的前端技术列表

(4) 使用<ol>标签实现小写罗马数字排序的前端技术列表，代码如下所示。

```
<ol type="i">
    <li>HTML</li>
    <li>CSS</li>
    <li>JS</li>
    <li>jQuery</li>
    <li>Vue.js</li>
</ol>
```

最终效果如图 2-11 所示。

```
i. HTML
ii. CSS
iii. JS
iv. jQuery
v. Vue.js
```

图 2-11　使用<ol>标签实现小写罗马数字排序的前端技术列表

(5) 使用<ol>标签实现大写罗马数字排序的前端技术列表，代码如下所示。

```
<ol type="I">
    <li>HTML</li>
    <li>CSS</li>
    <li>JS</li>
    <li>jQuery</li>
    <li>Vue.js</li>
</ol>
```

最终效果如图 2-12 所示。

```
I. HTML
II. CSS
III. JS
IV. jQuery
V. Vue.js
```

图 2-12　使用<ol>标签实大写罗马数字排序的前端技术列表

3. 自定义列表

<dl>标签定义一个描述列表。<dl>标签与<dt>(定义项目/名字)和<dd>(描述每一个项目/名字)一起使用。

使用<dl>标签显示水果分类，代码如下所示。

```
<dl>
    <dt>夏季水果</dt>
    <dd>西瓜</dd>
    <dd>哈密瓜</dd>
    <dd>樱桃</dd>
    <dt>秋季水果</dt>
    <dd>苹果</dd>
    <dd>梨</dd>
    <dd>橘子</dd>
</dl>
```

最终效果如图 2-13 所示。

图 2-13　使用<dl>标签显示水果分类

注意：列表项内部可以使用段落、换行符、图片、链接以及其他列表等。

2.3.5　图片标签

<img/>标签向网页中嵌入一幅图片。注意，<img>标签并不会在网页中插入图片，而是从网页上链接图片。<img>标签创建的是被引用图片的占位空间。<img/>标签有两个必需的属性：src 属性和 alt 属性。其格式为：

```
<img src="图片路径" title="标题" alt="规定图片的代替文本" width="200" height="100"/>
```

1. 图片路径的定义

标签的 src 属性是必需的。它的值是图像文件的 URL，也就是引用该图像文件的绝对路径或相对路径。

相对路径是以引用文件所在的位置为参考基础而建立的路径，在 HTML 文档中可以简单理解为"图片相对于 HTML 页面的位置"。相对路径通常有以下几种情况。

(1) 相对于上级目录：../images/banner.jpg。

(2) 相对于同级目录：./images/banner.jpg。

(3) 相对于根目录：/images/banner.jpg。

绝对路径指所需图片在计算机中的实际位置，通常以盘符开始，如 C:/show/images/banner.jpg。

2. alt 属性的使用

alt 属性有两个作用：第一，设置当图片加载失败的时候；第二，作为搜索引擎抓取图片的参考显示的信息。

如果无法显示图像，浏览器将显示替代文本，代码如下所示。

```
<img src="./images/img.png"  alt="好看的郁金香" />
```

最终效果如图 2-14 所示。

图 2-14　图片的 alt 属性

3. title 属性的使用

title 属性并不是必需的，title 属性用来规定元素的额外信息，有视觉效果，当光标放到文字或是图片上时有文字显示。

以下代码显示了图片标签的效果。

```
<html>
   <head>
      <title>图片标签</title>
   </head>
   <body>
      <img src="images/img.png" title="图片" alt="这是一张背景图片"/>
   </body>
</html>
```

最终效果如图 2-15 所示。

图 2-15　图片标签的使用

4. width/height(宽/高)属性的使用

<img>标签的 height 和 width 属性用于设置图片的尺寸。为图片指定 height 和 width 属性是一个好习惯。如果设置了这些属性，就可以在页面加载时为图片预留空间。如果没有这些属性，浏览器就无法了解图片的尺寸，也就无法为图片保留合适的空间，因此，当加载图片时，页面的布局就会发生变化。

给图片添加宽、高属性，代码如下所示。

```
<img src="images/img.png" width="200px" height="100px" />
```

最终效果如图 2-16 所示。

图 2-16　图片的宽、高属性

2.3.6　超链接标签

<a>标签定义超链接，用于从一张页面链接到另一张页面。<a>标签最重要的属性是 href 属性，它指示链接的目标。

1. 超链接的使用方式

格式：

```
<a href="http://www.baidu.com" title="鼠标悬浮显示内容" target="_self">百度</a>
```

2. href 属性

<a>标签的 href 属性用于指定超链接目标的 URL。但是 href 的写法比较多，下面一一列举。

(1) URL 为绝对路径时指向另一个站点，比如 href="http://www.baidu.com"，点击时就会直接跳转到这个链接的页面。

(2) URL 为相对路径时指向站点内的某个文件，比如 href="./test.html"，点击时就会直接下载文件。

相对路径和绝对路径示例代码如下所示。

```
<a href="http://www.baidu.com">绝对路径</a>
<a href="../../images/banner.jpg">相对路径</a>
```

(3) URL 为#时指向页面最顶部，比如 href="#"，如果当前页面中需要滚动，用这种方式就可以直接回到顶部。比如有些网站会在右下角制作一个图标按钮用于回到顶部，此时可以考虑用这种最简单的方式实现。

(4) URL 为空 JavaScript 代码时表示执行 JavaScript 代码，比如<a href="javascript:;" title="鼠标悬浮显示内容" target="_self">百度</a>，表示执行了一条空的 JavaScript 代码。

3. target 属性

target 属性用来定义在何处打开链接文档，默认值为_self，表示从当前窗口打开链接；_blank 在新窗口中打开链接。

以下代码显示了超链接标签的效果。

```
<html>
    <head>
        <title>超链接标签</title>
    </head>
    <body>
        <a href="https://www.baidu.com" alt="鼠标悬浮显示内容">
            <img src="images/img.png" width="200px" title="图片" alt="这是一张背景图片"/>
        </a>
    </body>
</html>
```

最终效果如图 2-17 所示。

图 2-17　点击图片跳转到百度

2.3.7 注释标签

注释标签<!-- -->用于在源代码中插入注释。注释不会显示在浏览器中。可以使用注释对代码进行解释，这样做有助于以后对代码的编辑。当编写了大量代码时尤其有用。使用注释标签来隐藏浏览器不支持的脚本也是一个好习惯(这样就不会把脚本显示为纯文本)。

注释标签的示例代码如下所示。

```
<!-- 这是一段注释 -->
<p>这是一个段落。</p>
<!-- 这是第二个注释 -->
```

最终效果如图 2-18 所示。

图 2-18 注释标签效果

2.3.8 换行标签

使用
标签可插入一个简单的换行符。在 HTML 文档中，无法使用多个空格和换行来调整文档段落的格式，需要使用 HTML 中的标签来强制换行。强制换行的格式为：

```
文字内容<br/>
```

强制换行标签的示例代码如下所示。

```
<p>
    这里使用 br 元素<br>在一个段落中实现<br>换行。
</p>
```

最终效果如图 2-19 所示。

图 2-19 强制换行效果

2.3.9 水平线标签

<hr>标签在 HTML 页面中创建一条水平线，可以在视觉上将文档分隔成各个部分。

```
<hr align="left|center|right" size="线条粗细" width="线条宽度" color="线条颜色"
noshade/>
```

其中 noshade 表示线条是否有阴影或立体效果。
水平线标签的示例代码如下所示。

```
<h1>HTML</h1>
<p>HTML 是超文本标记语言，是用来描述 Web 文档的一种标记语言。</p>
<hr>
<h1>CSS</h1>
<p>CSS 用来定义 HTML 中的样式。</p>
```

最终效果如图 2-20 所示。

图 2-20 水平线标签效果

2.3.10 <div>和<span>标签

在网页布局中，<div>和<span>标签都是用来对页面进行排版的，利用这两个标签，再加上 CSS 对样式的控制，可以很方便地实现各种效果。<div>是一个块级元素，这意味着它的内容自动地开始一个新行。实际上，换行是<div>固有的唯一格式表现。可以通过<div>的 class 或 id 应用额外的样式。<span>没有固定的格式表现，当对它应用样式时，它才会产生视觉上的变化。如果不对<span>应用样式，那么<span>元素中的文本与其他文本不会有任何视觉上的差异。

<div>和<span>的区别在于，<div>标签是块级元素，拥有块级元素的特点。每对 div 标签(<div></div>)里的内容都可以占据一行，不会与其他标签在一行显示。div 标签总是从新行开始显示。<span>标签是行内元素，拥有行内元素的特点。span 标签元素会和其他标签元素在一行显示(块级元素除外)，不会另起一行显示。

<div>和<span>示例代码如下所示。

```
<html>
    <head>
        <title>div 和 span 的区别</title>
    </head>
    <body>
        <p>div 标记不同段落</p>
```

```
            <div>段落 1</div>
            <div>段落 2</div>
            <div>段落 3</div>
            <p>span 标记不同段落</p>
            <span>段落 1</span>
            <span>段落 2</span>
            <span>段落 3</span>
    </body>
</html>
```

最终效果如图 2-21 所示。

图 2-21　<div>和<span>示例

2.4　标签实战

以上是本章所学习到的所有标签，但是上面都是一些单独的、零碎的知识点。下面通过制作"HTML 简介博客"案例，将上面讲到的知识点应用起来。

2.4.1　项目分析

在开发任何一个网页之前，要先对设计图进行分析，分析将使用到哪些标签，整体页面怎样进行布局。接下来选择自己喜欢的编辑器进行开发。按照要求，对设计图进行 1：1 还原，编写可维护性高、易于扩展、通用性强的代码。

项目技术分析：使用<h1>标签创建标题，使用<em>标签让文字倾斜，使用<a>标签添加超链接，使用<img>标签添加图片，使用 width 和 height 属性给图片添加宽和高，使用<ol>标签制作有序列表，等等。

2.4.2　项目开发

开发过程中，可以对当前页面效果进行分析。整个项目分为头部标题部分、中间为 HTML 的由来、HTML 的版本，还有 HTML 的特点等多个模块。项目开发示例如图 2-22 所示。

图 2-22　项目开发分析示例

1. 标题部分

在标题部分，可以使用<h1>标签显示"HTML 简介博客"几个大字；使用<i>标签显示倾斜文本"收藏 5"；"点赞 20""更多相关"和此条内容字体颜色为蓝色，并且带有下画线，所以使用<a>标签添加；每一个段落使用<p>标签隔开。

标题部分的代码如下所示。

```
<h1>HTML 简介博客</h1>
<p>发布于 2020-10-21 <i>收藏 5</i>｜<a href="#">点赞 20</a>｜<a href="#">更多相关</a></p>
<p>本词条由<a href="#">"科普中国"科学百科词条编写与应用工作项目 审核 </a></p>
```

最终效果如图 2-23 所示。

图 2-23　<h1><i><a><p>标签示例

2. "由来"部分

"由来"部分也有标题，但这是小标题，可以使用<h2>标签。带有下画线的文字，需要使用<u>标签。注意，这里的下画线显示不需要使用<a>标签，<a>标签被点击会跳转，这里只是为了突出显示，所以使用<u>标签即可。图片使用<img>标签添加。

"由来"部分的代码如下所示。

```
<h2>由来</h2>
<p>HTML 的英文全称是<i>Hyper Text Markup Language</i>，即<u>超文本标记语言</u>。HTML 是由 Web
    的发明者 Tim Berners-Lee 和同事 Daniel W. Connolly 于 1990 年创立的一种标记语言，它是标准通用
    化标记语言 SGML 的应用。</p>
<p>自 1990 年以来，<u>HTML 就一直被用作万维网的信息表示语言，使用 HTML 描述的文件需要通过 Web 浏览器显
    示出效果</u>。HTML 是一种建立网页文件的语言，通过标记式的指令(Tag)，将影像、声音、图片、文字动画、
    影视等内容显示出来。</p>
<p><img src="./img2.webp" alt="" width="300"></p>
<p>html 示意图</p>
```

最终效果如图 2-24 所示。

图 2-24　<h2><u><img>标签效果

3. "HTML 的版本"部分

这里除了使用上面提到的<h2>标签以外，还用到了列表标签，并且前面带有序号，所以需要使用有序列表标签<ol>。

"HTML 的版本"部分的代码如下所示。

```
<h2>HTML 的版本</h2>
<p>HTML 历史上有如下版本</p>
<ol>
    <li>HTML 1.0：在 1993 年 6 月作为互联网工程工作小组 (IETF) 工作草案发布</li>
    <li>HTML 2.0：1995 年 11 月作为 RFC 1866 发布，于 2000 年 6 月发布之后被宣布已经过时。</li>
    <li>HTML 3.2：1997 年 1 月 14 日，W3C 推荐标准。</li>
</ol>
```

最终效果如图 2-25 所示。

图 2-25　<ol><li>标签示例

4. "特点"部分

"特点"部分跟上面"HTML 的版本"部分的结构差不多，都使用了<h2>标签和有序列表<ol>标签。

"特点"部分的代码如下所示。

```
<h2>特点</h2>
<p>超文本标记语言文档制作不是很复杂，但功能强大，支持不同数据格式的文件嵌入，这也是万维网 (WWW) 盛行的原因之一，其主要特点如下：</p>
<ol>
    <li>简易性：超文本标记语言版本升级采用超集方式，从而更加灵活方便。</li>
    <li>可扩展性：超文本标记语言的广泛应用带来了加强功能，增加标识符等要求，超文本标记语言采取子类元素的方式，为系统扩展带来保证。</li>
    <li>平台无关性：虽然个人计算机大行其道，但使用 MAC 等其他机器的大有人在，超文本标记语言可以使用在广泛的平台上，这也是万维网 (WWW) 盛行的另一个原因。</li>
    <li>通用性：另外，HTML 是网络的通用语言，一种简单、通用的全置标记语言。它允许网页制作人建立文本与图片相结合的复杂页面，这些页面可以被网上任何其他人浏览到，无论使用的是什么类型的计算机或浏览器。</li>
</ol>
```

最终效果如图 2-26 所示。

图 2-26　标签实战——HTML 简介博客

2.5　本章练习

1. HTML 是一种标记语言，它是由(　　)解释执行的。
   A. 不需要解释　　　　　　　　　　　　B. Windows
   C. 浏览器　　　　　　　　　　　　　　D. 标记语言处理软件

2. 在 HTML 文档中用于表示页面标题的是(　　)。
   A. <head></head>　　　　　　　　　　B. <title></title>
   C. <body></body>　　　　　　　　　　D. <p></p>

3. 在 HTML 文档中使用的注释符号是(　　)。
   A. //...　　　　　　B. /*......*/　　　　　C. <!-- -->　　　　　D. 以上说法均错误

4. 在下列的 HTML 中，最小的标题是(　　)。
   A. <h6></h6>　　　B. <p></p>　　　C. <head></head>　　D. <h1></h1>

5. 在下列的 HTML 中，正确定义超链接的是(　　)。
   A. <a url="http://www.baidu.com">百度</a>

   B. <a href="http://www.baidu.com">百度</a>

   C. <a>http://www.baidu.com</a>

   D. <a name="http://www.baidu.com">百度</a>

第 *3* 章

表格案例实战

HTML 的 table 元素表示表格数据，即通过二维数据表展示信息。在如今的大数据时代，数据的展示和处理显得尤为重要，尤其是后台管理系统中需要处理展示大量的数据时，表格就是最好的选择。

本章将详细介绍 table 的相关元素和主要属性，通过本章的学习，即使从未接触过表格，你也可以运用这些知识点快速创建自己的表格，并为后续学习打下坚实的基础。

本章学习目标

◎ 掌握表格的组成元素，实现基础表格的应用
◎ 掌握表格的常用属性，对表格进行美化
◎ 掌握表格跨行跨列操作，实现复杂表格的应用

3.1 表格元素

表格由<table>标签实现。每个表格均有若干行，由<tr>标签定义；每行被分割为若干单元格，由<td>标签定义。tr 元素指表格中的行，td 元素指表格数据(table data)，即数据单元格的内容。数据单元格可以包含文本、图片、列表、段落、表单、水平线、表格等。

复杂的 HTML 表格也可能包括 caption、colgroup、thead、tfoot 以及 tbody 元素。

3.1.1 简单的表格

简单的 HTML 表格由 table 元素以及一个或多个<tr>、<th>或<td>元素组成。HTML 的<th>元素定义表格内的表头单元格，示例代码如下。

```html
<table border="1">
    <tr>
        <th>景点名称</th>
        <th>景点介绍</th>
        <th>推荐指数</th>
    </tr>
    <tr>
        <td>东岳泰山</td>
        <td>泰山位于山东省泰安市中部。自汉代我国确立"五岳"以来，泰山就居于"五岳独尊"的地位，是
            我国东部沿海地带大陆口的第一高山</td>
        <td>五颗星</td>
    </tr>
    <tr>
        <td>南岳衡山</td>
        <td>南岳衡山：衡山，又名南岳、寿岳、南山，位于湖南省衡阳市南岳区</td>
        <td>五颗星</td>
    </tr>
    <tr>
        <td>西岳华山</td>
        <td>华山位于陕西渭南华阴市，在西安市以东 120 公里处。自古以来就有"奇险天下第一山"的说法。
            </td>
        <td>五颗星</td>
    </tr>
    <tr>
        <td>北岳恒山</td>
        <td>北岳恒山位于山西省大同市浑源县境内。恒山又名玄岳，集"雄、奇、幽、奥"特色为一体，素以
            "奇"而著称</td>
        <td>五颗星</td>
    </tr>
    <tr>
        <td>中岳嵩山</td>
        <td>中岳嵩山位于河南省西部，地处登封市西北面，西邻古都洛阳，东临郑州，属伏牛山系，是五岳的
            中岳。</td>
        <td>五颗星</td>
    </tr>
</table>
```

在浏览器中展示的效果如图 3-1 所示。

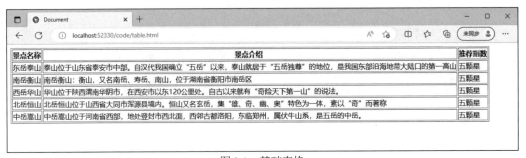

图 3-1　基础表格

3.1.2 表格标题

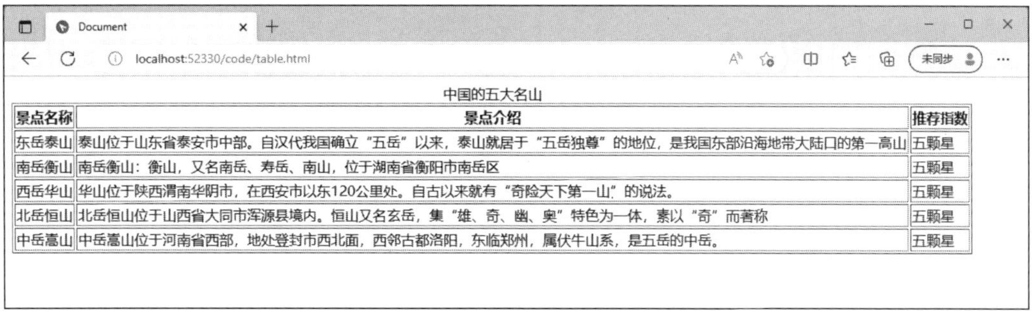

HTML 的<caption>元素是 HTML 表格标题元素,用于展示表格的标题,它常常作为 <table> 的第一个子元素出现,同时显示在表格内容的最前面,它同样可以被 CSS 样式修改。示例代码如下:

```html
<table border="1">
    <caption>中国的五大名山</caption>
    <tr>
        <th>景点名称</th>
        <th>景点介绍</th>
        <th>推荐指数</th>
    </tr>
    <!-- 以下代码省略了,与上例雷同 -->
...
</table>
```

在浏览器中展示的效果如图 3-2 所示。

图 3-2 带标题的表格

3.1.3 表格三元素

前面介绍了简单的表格组成元素,随着数据的增多,我们需要使用复杂结构的表格来满足需求;复杂的 HTML 表格包括<thead>、<tbody>、<tfoot>元素。

(1) <thead>元素:用于组合表格的表头内容。

(2) <tbody>元素:用于组合表格的主体内容。

(3) <tfoot>元素:用于组合表格的页脚内容。

<thead>、<tbody>和<tfoot>三个元素应该结合起来使用,用来规定表格的表头、主体、页脚等各个部分。

> ▶ **注意**
>
> 通过使用这些元素,使浏览器有能力支持独立于表格表头和表格页脚的表格主体滚动。当包含多个页面的长表格被打印时,表格的表头和页脚可被打印在包含表格数据的每张页面上。

1. <thead>和<tbody>元素结合使用

<thead>元素不能单独使用，需要结合<tbody>或<thead>、<tbody>、<tfoot>三者一起使用。
示例代码如下：

```
<table border="1">
    <thead>
        <tr>
            <th>景点名称</th>
            <th>景点介绍</th>
            <th>推荐指数</th>
        </tr>
    </thead>
    <tbody>
        <tr>
            <td>东岳泰山</td>
            <td>泰山位于山东省泰安市中部。自汉代我国确立"五岳"以来，泰山就居于"五岳独尊"的地位，是
                我国东部沿海地带大陆口的第一高山</td>
            <td>五颗星</td>
        </tr>
        <tr>
            <td>南岳衡山</td>
            <td>南岳衡山：衡山，又名南岳、寿岳、南山，位于湖南省衡阳市南岳区</td>
            <td>五颗星</td>
        </tr>
        <tr>
            <td>西岳华山</td>
            <td>华山位于陕西渭南华阴市，在西安市以东 120 公里处。自古以来就有"奇险天下第一山"的说法。
                </td>
            <td>五颗星</td>
        </tr>
        <tr>
            <td>北岳恒山</td>
            <td>北岳恒山位于山西省大同市浑源县境内。恒山又名玄岳，集"雄、奇、幽、奥"特色为一体，
                素以"奇"而著称</td>
            <td>五颗星</td>
        </tr>
        <tr>
            <td>中岳嵩山</td>
            <td>中岳嵩山位于河南省西部，地处登封市西北面，西邻古都洛阳，东临郑州，属伏牛山系，是五岳的
                中岳。</td>
            <td>五颗星</td>
        </tr>
    </tbody>
</table>
```

在浏览器中的展示效果如图 3-3 所示。

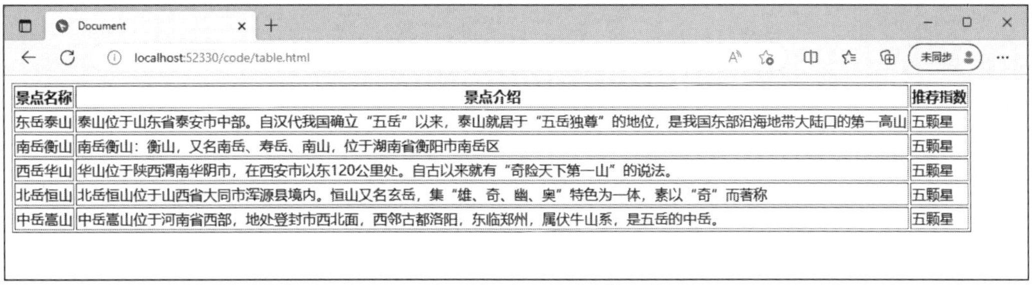

图 3-3 <thead>和<tbody>结合应用

2. <thead>、<tbody>和<tfoot>结合使用

其中<tfoot>元素不能单独使用，必须结合<thead>和<tbody>一起使用。使用时需要注意<tfoot>元素的位置：三者的正确顺序是<thead></thead><tfoot></tfoot> <tbody></tbody>。示例代码如下：

```
<table border="1">
    <thead>
        <tr>
            <th>景点名称</th>
            <th>景点介绍</th>
            <th>推荐指数</th>
        </tr>
    </thead>
    <tfoot>
        <tr>
            <th>珠穆朗玛峰</th>
            <th>珠穆朗玛峰，简称珠峰，海拔8848.86米,是喜马拉雅山脉中的主峰，位于中华人民共和国与尼泊
                尔边界上</th>
            <th>十颗星</th>
        </tr>
    </tfoot>
    <tbody>
        <tr>
            <td>东岳泰山</td>
            <td>泰山位于山东省泰安市中部。自汉代我国确立"五岳"以来，泰山就居于"五岳独尊"的地位，是
                我国东部沿海地带大陆口的第一高山</td>
            <td>五颗星</td>
        </tr>
        <tr>
            <td>南岳衡山</td>
            <td>南岳衡山：衡山，又名南岳、寿岳、南山，位于湖南省衡阳市南岳区</td>
            <td>五颗星</td>
        </tr>
        <tr>
            <td>西岳华山</td>
            <td>华山位于陕西渭南华阴市，在西安市以东120公里处。自古以来就有"奇险天下第一山"的说法。
            </td>
            <td>五颗星</td>
        </tr>
```

```
        <tr>
            <td>北岳恒山</td>
            <td>北岳恒山位于山西省大同市浑源县境内。恒山又名玄岳，集"雄、奇、幽、奥"特色为一体，素以
                "奇"而著称</td>
            <td>五颗星</td>
        </tr>
        <tr>
            <td>中岳嵩山</td>
            <td>中岳嵩山位于河南省西部，地处登封市西北面，西邻古都洛阳，东临郑州，属伏牛山系，是五岳的
                中岳。</td>
            <td>五颗星</td>
        </tr>
    </tbody>
</table>
```

在浏览器中的展示效果如图 3-4 所示。

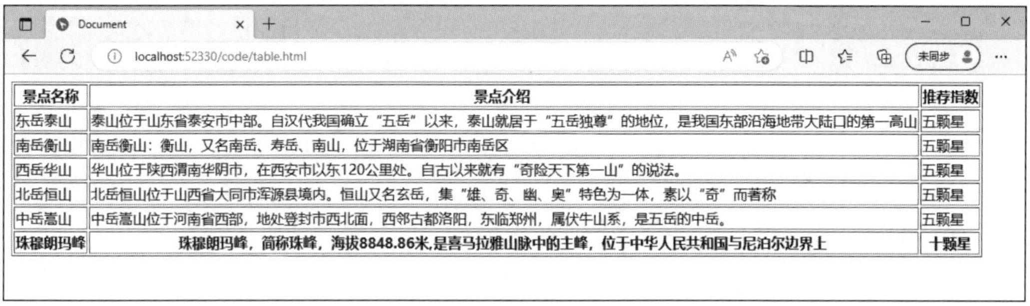

图 3-4　表格三元素

3.2 表格属性

上一节我们学习了表格组成元素，可以实现基础表格；但要制作外观美观的表格，就需要借助表格的相关属性，表格的属性有 border、cellpadding、cellspacing、colspan、rowspan 等。

3.2.1 表格边框

border 属性规定表格单元周围是否显示边框。设置 border 属性指示应该显示边框，且表格不用于布局目的；不设置 border 属性表示表格单元周围没有边框；border 属性的值大于等于 1，用于表示边框的粗细。

1. 不带边框的表格

border 属性是 table 元素的属性，不设置 border 元素，即显示边框。示例代码如下：

```
<table>
    <tr>
        <th>景点名称</th>
```

```
            <th>景点介绍</th>
            <th>推荐指数</th>
        </tr>
        <tr>
            <td>东岳泰山</td>
            <td>泰山位于山东省泰安市中部。自汉代我国确立"五岳"以来，泰山就居于"五岳独尊"的地位，是我国
                东部沿海地带大陆口的第一高山</td>
            <td>五颗星</td>
        </tr>
        <tr>
            <td>南岳衡山</td>
            <td>南岳衡山：衡山，又名南岳、寿岳、南山，位于湖南省衡阳市南岳区</td>
            <td>五颗星</td>
        </tr>
        <tr>
            <td>西岳华山</td>
            <td>华山位于陕西渭南华阴市，在西安市以东 120 公里处。自古以来就有"奇险天下第一山"的说法。</td>
            <td>五颗星</td>
        </tr>
        <tr>
            <td>北岳恒山</td>
            <td>北岳恒山位于山西省大同市浑源县境内。恒山又名玄岳，集"雄、奇、幽、奥"特色为一体，素以"奇"
                而著称</td>
            <td>五颗星</td>
        </tr>
        <tr>
            <td>中岳嵩山</td>
            <td>中岳嵩山位于河南省西部，地处登封市西北面，西邻古都洛阳，东临郑州，属伏牛山系，是五岳的中岳。
                </td>
            <td>五颗星</td>
        </tr>
    </table>
```

在浏览器中的展示效果如图 3-5 所示。

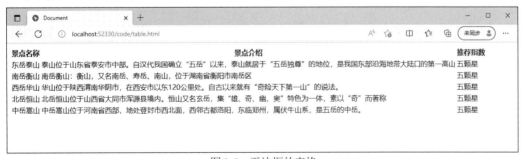

图 3-5　无边框的表格

2. 带边框的表格

设置 border 属性即显示边框，该效果和设置 border="" 以及 border="1" 效果相同。在上例的基础上，给 table 标签添加 border 属性。示例代码如下：

```
<table border="1">
    <!-- 以下代码省略了，与上例雷同 -->
...
</table>
```

在浏览器中的展示效果如图 3-4 所示。

3. 设置表格边框粗细

设置表格边框的粗细，border 的取值大于 1 即可，取值越大边框越粗。示例代码如下：

```
<table border="10">
    <!-- 以下代码省略了，与上例雷同 -->
...
</table>
```

在浏览器中的展示效果如图 3-6 所示。

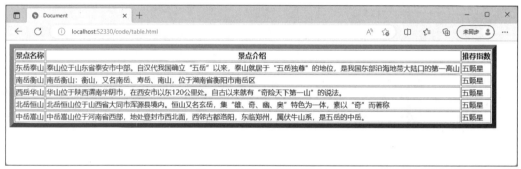

图 3-6　设置表格边框粗细

3.2.2　表格间距

如果表格内容过于紧凑，给用户的体验效果就会大打折扣。实际开发中，可以通过 cellpadding 和 cellspacing 两个属性调整表格的间距，对表格进行美化。

1. cellpadding 属性

cellpadding 属性定义了表格单元格的内容和边框之间的空间。如果它是一个像素长度单位，这个像素将被应用到所有的四个侧边；如果它是一个百分比的长度单位，内容将被作为中心，总的垂直(上和下)长度将代表这个百分比。这同样适用于总的水平(左和右)空间。

2. cellspacing 属性

cellspacing 属性(使用百分比或像素)定义了两个单元格之间空间的大小，在水平和垂直方向上，包括了表格的顶部与第一行的单元格，表的左边与第一列单元格，表的右边与最后一列的单元格，表的底部与最后一行单元格之间的空间。

示例代码如下：

```
<table border="1" cellpadding="10" cellspacing="0">
    <caption>中国的五大名山</caption>
    <tr>
```

```
            <th>景点名称</th>
            <th>景点介绍</th>
            <th>推荐指数</th>
        </tr>
        <tr>
            <td>东岳泰山</td>
            <td>泰山位于山东省泰安市中部。自汉代我国确立"五岳"以来，泰山就居于"五岳独尊"的地位，是
                我国东部沿海地带大陆口的第一高山</td>
            <td>五颗星</td>
        </tr>
        <tr>
            <td>南岳衡山</td>
            <td>南岳衡山：衡山，又名南岳、寿岳、南山，位于湖南省衡阳市南岳区</td>
            <td>五颗星</td>
        </tr>
        <tr>
            <td>西岳华山</td>
            <td>华山位于陕西渭南华阴市，在西安市以东120公里处。自古以来就有"奇险天下第一山"的说法。
                </td>
            <td>五颗星</td>
        </tr>
        <tr>
            <td>北岳恒山</td>
            <td>北岳恒山位于山西省大同市浑源县境内。恒山又名玄岳，集"雄、奇、幽、奥"特色为一体，素以
                "奇"而著称</td>
            <td>五颗星</td>
        </tr>
        <tr>
            <td>中岳嵩山</td>
            <td>中岳嵩山位于河南省西部，地处登封市西北面，西邻古都洛阳，东临郑州，属伏牛山系，是五岳的
                中岳。</td>
            <td>五颗星</td>
        </tr>
    </table>
```

在浏览器中的展示效果如图 3-7 所示。

景点名称	景点介绍	推荐指数
	中国的五大名山	
东岳泰山	泰山位于山东省泰安市中部。自汉代我国确立"五岳"以来，泰山就居于"五岳独尊"的地位，是我国东部沿海地带大陆口的第一高山	五颗星
南岳衡山	南岳衡山：衡山，又名南岳、寿岳、南山，位于湖南省衡阳市南岳区	五颗星
西岳华山	华山位于陕西渭南华阴市，在西安市以东120公里处。自古以来就有"奇险天下第一山"的说法。	五颗星
北岳恒山	北岳恒山位于山西省大同市浑源县境内。恒山又名玄岳，集"雄、奇、幽、奥"特色为一体，素以"奇"而著称	五颗星
中岳嵩山	中岳嵩山位于河南省西部，地处登封市西北面，西邻古都洛阳，东临郑州，属伏牛山系，是五岳的中岳。	五颗星

图 3-7　表格的间距

3.2.3　表格跨列

功能复杂的表格，涉及到表格的单元格合并处理；单元格合并处理分为两种方式，行合并和列合并，本节讲解表格的列合并，即表格跨列属性 colspan，规定单元格可横跨的列数，取值为数字。

表格跨列操作的计算公式：在需要进行跨列操作的单元格<td>标签上设置"colspan=n"，n 代表横跨的列数，然后在当前行删除(n-1)个<td>元素。

示例代码如下：

```
<table border="1" cellpadding="10" cellspacing="0">
    <tr>
        <th colspan="2">中国的五大名山</th>
    </tr>
    <tr>
        <td>东岳泰山</td>
        <td>泰山位于山东省泰安市中部。自汉代我国确立"五岳"以来，泰山就居于"五岳独尊"的地位，是我国
            东部沿海地带大陆口的第一高山</td>
    </tr>
    <tr>
        <td>南岳衡山</td>
        <td>南岳衡山：衡山，又名南岳、寿岳、南山，位于湖南省衡阳市南岳区</td>
    </tr>
    <tr>
        <td>西岳华山</td>
        <td>华山位于陕西渭南华阴市，在西安市以东 120 公里处。自古以来就有"奇险天下第一山"的说法。</td>
    </tr>
    <tr>
        <td>北岳恒山</td>
        <td>北岳恒山位于山西省大同市浑源县境内。恒山又名玄岳，集"雄、奇、幽、奥"特色为一体，素以"奇"
            而著称</td>
    </tr>
    <tr>
        <td>中岳嵩山</td>
        <td>中岳嵩山位于河南省西部，地处登封市西北面，西邻古都洛阳，东临郑州，属伏牛山系，是五岳的中岳。
            </td>
    </tr>
    <tr>
        <td colspan="2">"东岳泰山之雄，西岳华山之险，中岳嵩山之峻，北岳恒山之幽，南岳衡山之秀"是闻
            名全世界的风景。人们这样形容五岳："恒山如行，华山如立，泰山如坐，衡山如飞，
            嵩山如卧"。</td>
    </tr>
    <tr>
        <th colspan="2">中国三大平原</th>
    </tr>
    <tr>
        <td>东北平原</td>
        <td>我国第一大平原，广义上又称松辽平原，包括黑龙江、吉林、辽宁的大部分与内蒙古的一部分，分为松
            嫩平原、辽河平原和三江平原三部分</td>
    </tr>
```

```
        <tr>
            <td>华北平原</td>
            <td>华北平原 ：又称黄淮海平原，地跨北京、天津、河北、河南、山东、安徽、江苏等省市。分为海河平原、
                黄河平原、淮河平原三部分</td>
        </tr>
        <tr>
            <td>长江中下游平原</td>
            <td>长江中下游平原：中国三大平原之一，但不是一个整体，各部分彼此有山隔离，以长江相连。由江汉平
                原、洞庭湖平原、鄱阳湖平原、长江三角洲平原等部分组成</td>
        </tr>
        <tr>
            <td colspan="2">东北平原、华北平原、长江中下游平原是我国三大平原。其中，东北平原是我国面积最
                大的平原，华北平原是我国人口最多的平原，长江中下游平原是我国经济最发达的平原。
                </td>
        </tr>
    </table>
```

在浏览器中的展示效果如图 3-8 所示。

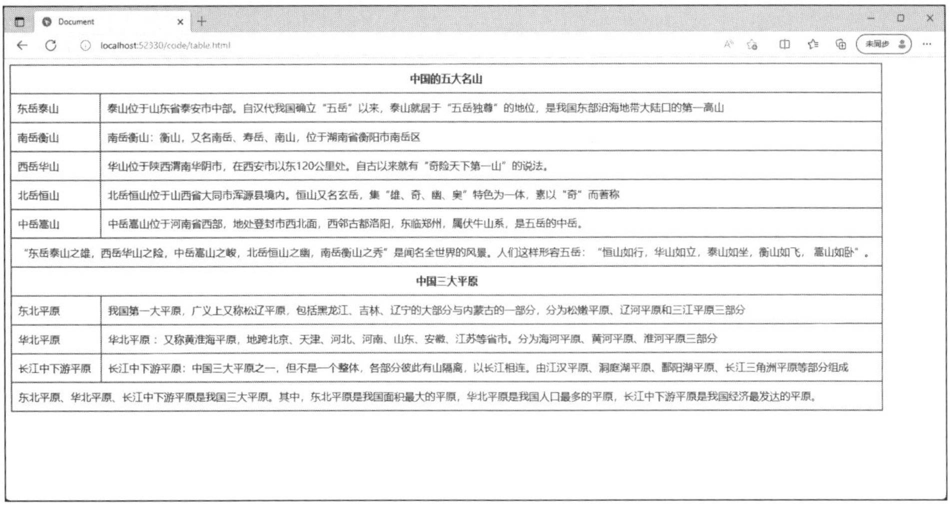

图 3-8　表格跨列操作

3.2.4　表格跨行

上一节学习了表格的跨列操作，本节学习表格的跨行操作，即表格跨行属性 rowspan，该属性设置单元格可纵跨的行数，取值为数字。

表格跨行操作的计算公式：在需要进行跨行操作的单元格<td>标签上设置 "rowspan=n"，n 代表纵跨的行数，然后从当前行后边的(n-1)行，每行删除 1 个<td>元素。

示例代码如下：

```
<table border="1" cellpadding="10" cellspacing="0">
    <td rowspan="5">中国的五大名山</td>
    <td>东岳泰山</td>
    <td>泰山位于山东省泰安市中部。自汉代我国确立 "五岳" 以来，泰山就居于 "五岳独尊" 的地位，是我国
        东部沿海地带大陆口的第一高山</td>
```

```
        </tr>
        <tr>
            <td>南岳衡山</td>
            <td>南岳衡山：衡山，又名南岳、寿岳、南山，位于湖南省衡阳市南岳区</td>
        </tr>
        <tr>
            <td>西岳华山</td>
            <td>华山位于陕西渭南华阴市，在西安市以东120公里处。自古以来就有"奇险天下第一山"的说法。</td>
        </tr>
        <tr>
            <td>北岳恒山</td>
            <td>北岳恒山位于山西省大同市浑源县境内。恒山又名玄岳，集"雄、奇、幽、奥"特色为一体，素以"奇"
                而著称</td>
        </tr>
        <tr>
            <td>中岳嵩山</td>
            <td>中岳嵩山位于河南省西部，地处登封市西北面，西邻古都洛阳，东临郑州，属伏牛山系，是五岳的中岳。
                </td>
        </tr>
<tr>
    <td rowspan="3">中国三大平原</td>
        <td>东北平原</td>
        <td>我国第一大平原，广义上又称松辽平原，包括黑龙江、吉林、辽宁的大部分与内蒙古的一部分，分为松
            嫩平原、辽河平原和三江平原三部分</td>
    </tr>
    <tr>
        <td>华北平原</td>
        <td>华北平原 ：又称黄淮海平原，地跨北京、天津、河北、河南、山东、安徽、江苏等省市。分为海河平原、
            黄河平原、淮河平原三部分</td>
    </tr>
    <tr>
        <td>长江中下游平原</td>
        <td>长江中下游平原：中国三大平原之一，但不是一个整体，各部分彼此有山隔离，以长江相连。由江汉平
            原、洞庭湖平原、鄱阳湖平原、长江三角洲平原等部分组成</td>
    </tr>
</table>
```

在浏览器中展示的效果如图 3-9 所示。

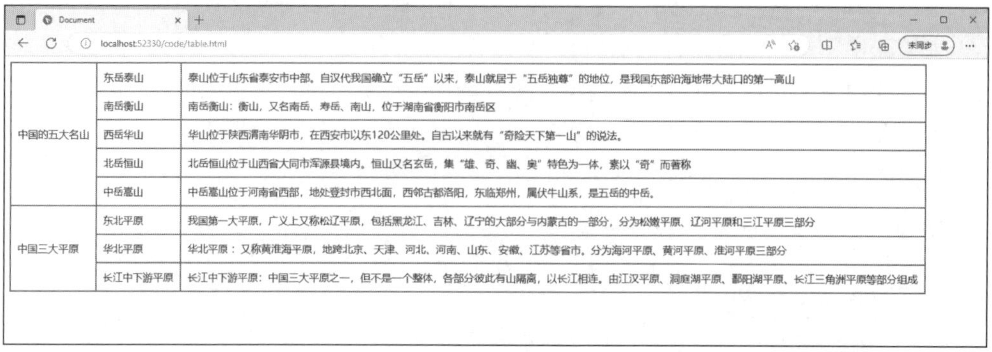

图 3-9　表格跨行操作

3.3 表格实战

经过前边的学习，大家对表格的操作已经轻车熟路了。下面实现表格的综合应用案例：一周美食推荐。案例效果如图 3-10 所示。

一周美食推荐

用餐时间	星期一		星期二		星期三		星期四		星期五	
	食谱	主配料	食谱	主配料	食谱	主配料	食谱	主配料	食谱	主配料
早餐	小米南瓜粥	小米南瓜粥	豆浆油条	油条	包子绿豆粥	包子	五谷豆浆玉米	五谷豆浆	八宝粥鸡蛋饼	八宝粥
		煮鸡蛋		豆浆		香菇鸡肉包		黏玉米		鸡蛋饼
		白糖		咸菜		蘸酱小料		煮鸡蛋		生菜蘸酱
十点加餐	苹果、葡萄、香蕉、橘子、火龙果等1-2种水果适量									
午餐	大盘鸡烩面	大盘鸡	番茄豆腐鱼米饭	米饭	酸菜鱼米饭	米饭	牛肉粉丝汤面条	牛肉粉丝汤	鱼香肉丝饭	米饭
		烩面		番茄豆腐鱼		酸菜鱼		面条		鱼香肉丝
		蔬菜汤		凉拌木耳		凉拌黄瓜		美味面筋		纯牛奶
三点加餐	蛋糕、小饼干、铜锣烧、纯牛奶等小零食适量									
晚餐	烩羊肉米饭	烩羊肉	酸汤酥肉饭	米饭	红烧鱼米饭	红烧大鲤鱼	火腿炸酱面	炸酱面	糊汤面	糊汤面
		米饭		酸汤酥肉		米饭		火腿		家常豆腐
		蒸菜双拼		凉拌黄花菜		西湖牛肉羹		纯牛奶		烧青菜

图 3-10　一周美食推荐

1. 表格初始结构

通过分析效果图，这是一个 10(行)×11(列)的表格，先创建一个 10 行 11 列的基础表格。示例代码如下。

```
<table border="1" cellspacing="0" cellpadding="10" align="center">
<tr><td></td><td></td><td></td><td></td><td></td><td></td><td></td><td></td><td></td>
<td></td><td></td></tr>
<tr><td></td><td></td><td></td><td></td><td></td><td></td><td></td><td></td><td></td>
<td></td><td></td></tr>
<tr><td></td><td></td><td></td><td></td><td></td><td></td><td></td><td></td><td></td>
<td></td><td></td></tr>
<tr><td></td><td></td><td></td><td></td><td></td><td></td><td></td><td></td><td></td>
<td></td><td></td></tr>
<tr><td></td><td></td><td></td><td></td><td></td><td></td><td></td><td></td><td></td>
<td></td><td></td></tr>
<tr><td></td><td></td><td></td><td></td><td></td><td></td><td></td><td></td><td></td>
<td></td><td></td></tr>
<tr><td></td><td></td><td></td><td></td><td></td><td></td><td></td><td></td><td></td>
<td></td><td></td></tr>
<tr><td></td><td></td><td></td><td></td><td></td><td></td><td></td><td></td><td></td>
```

```
<td></td><td></td></tr>
<tr><td></td><td></td><td></td><td></td><td></td><td></td><td></td><td></td><td></td>
<td></td><td></td></tr>
</table>
```

在浏览器中展示的效果如图 3-11 所示。

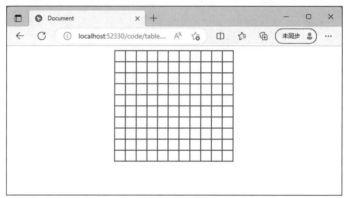

图 3-11　10×11 基础表格

2. 表格标题

紧跟上步操作设置表格的标题，添加 caption 标签设置表格的标题。示例代码如下。

```
<table border="1"  cellspacing="0" cellpadding="10" >
<!-- 在上一步的基础上，新增下行代码 -->
 <caption>一周美食推荐</caption>
<!-- 此处代码省略 -->
...

</table>
```

在浏览器中展示的效果如图 3-12 所示。

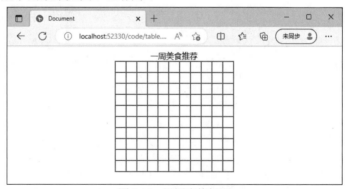

图 3-12　设置表格标题

3. 表格功能模块划分

表格内容分为表头部分(时间和标题)和主体部分(美食详情)，在创建的 10×11 表格基础上进行修改，为表格新增<thead>和<tbody>元素。表头部分包含时间和标题两行，其余为主体部分。示例代码如下。

```
<table border="1"  cellspacing="0" cellpadding="10" align="center">
 <caption>一周美食推荐</caption>
<thead>
<tr><td></td><td></td><td></td><td></td><td></td><td></td><td></td><td></td><td></td>
<td></td><td></td></tr>
<tr><td></td><td></td><td></td><td></td><td></td><td></td><td></td><td></td><td></td>
<td></td><td></td></tr>
</thead>
<tbody>
  <tr><td></td><td></td><td></td><td></td><td></td><td></td><td></td><td></td><td>
  </td><td></td><td></td></tr>
<tr><td></td><td></td><td></td><td></td><td></td><td></td><td></td><td></td><td></td>
<td></td><td></td></tr>
<tr><td></td><td></td><td></td><td></td><td></td><td></td><td></td><td></td><td></td>
<td></td><td></td></tr>
<tr><td></td><td></td><td></td><td></td><td></td><td></td><td></td><td></td><td></td>
<td></td><td></td></tr>
<tr><td></td><td></td><td></td><td></td><td></td><td></td><td></td><td></td><td></td>
<td></td><td></td></tr>
<tr><td></td><td></td><td></td><td></td><td></td><td></td><td></td><td></td><td></td>
<td></td><td></td></tr>
<tr><td></td><td></td><td></td><td></td><td></td><td></td><td></td><td></td><td></td>
<td></td><td></td></tr>
</tbody>
</table>
```

4. 表头模块实现

设计表格的表头模块，如图 3-13 所示。"用餐时间"横跨两行，我们给"用餐时间"所在的单元格<td>设置"rowspan=2"，按照跨行操作的计算公式，在下一行(<tr>)删除一个<td>元素，"星期一"时间横跨两列，我们给"星期一"所在的单元格<td>设置"colspan=2"，按照跨列操作的计算公式，5 个单元格设置了 colspan="2"，因此一共删除了 5 个<td>元素，示例代码如下。

用餐时间	星期一		星期二		星期三		星期四		星期五	
	食谱	主配料	食谱	主配料	食谱	主配料	食谱	主配料	食谱	主配料

图 3-13　表头模块

```
<tr>
    <td rowspan="2">用餐时间</td>
    <td colspan="2">星期一</td>
    <td colspan="2">星期二</td>
    <td colspan="2">星期三</td>
    <td colspan="2">星期四</td>
    <td colspan="2">星期五</td>
</tr>
```

```
<tr>
    <td>食谱</td>
    <td>主配料</td>
    <td>食谱</td>
    <td>主配料</td>
    <td>食谱</td>
    <td>主配料</td>
    <td>食谱</td>
    <td>主配料</td>
    <td>食谱</td>
    <td>主配料</td>
</tr>
```

在浏览器中展示的效果如图 3-14 所示。

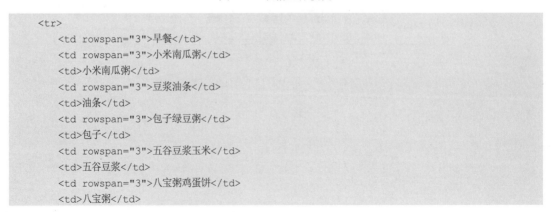

图 3-14　表格头部模块渲染效果

5. 表格主体模块实现

设计表格主体模块，如图 3-15 所示。"早餐"和"食谱""配料"在结构上属于一行，执行跨行操作，在对应的<td>元素上设置"rowspan=3"，按照跨行操作计算公式，设置"rowspan=3"的单元格一共有 6 个，因此在后边的两行(<tr>)每行删除 6 个<td>元素。示例代码如下。

早餐	小米南瓜粥	小米南瓜粥	豆浆油条	油条	包子绿豆粥	包子	五谷豆浆玉米	五谷豆浆	八宝粥鸡蛋饼	八宝粥	八宝粥
		煮鸡蛋		豆浆		香菇鸡肉包		黏玉米		鸡蛋饼	
		白糖		咸菜		蘸酱小料		煮鸡蛋		生菜蘸酱	

图 3-15　表格主体模块

```
<tr>
    <td rowspan="3">早餐</td>
    <td rowspan="3">小米南瓜粥</td>
    <td>小米南瓜粥</td>
    <td rowspan="3">豆浆油条</td>
    <td>油条</td>
    <td rowspan="3">包子绿豆粥</td>
    <td>包子</td>
    <td rowspan="3">五谷豆浆玉米</td>
    <td>五谷豆浆</td>
    <td rowspan="3">八宝粥鸡蛋饼</td>
    <td>八宝粥</td>
```

```
</tr>
<tr>
    <td>煮鸡蛋</td>
    <td>豆浆</td>
    <td>香菇鸡肉包</td>
    <td>黏玉米</td>
    <td>鸡蛋饼</td>
</tr>
<tr>
    <td>白糖</td>
    <td>咸菜</td>
    <td>蘸酱小料</td>
    <td>煮鸡蛋</td>
    <td>生菜蘸酱</td>
</tr>
```

在浏览器中展示的效果如图 3-16 所示。

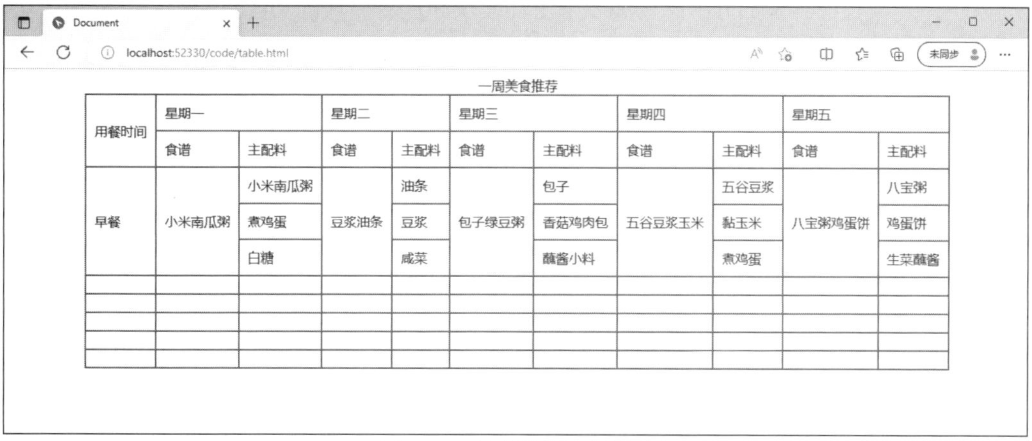

图 3-16　早餐模块渲染效果

6. 加餐模块实现

主体模块中的加餐模块，如图 3-17 所示。该模块属于单独的一行，推荐的美食单元格<td>进行跨列操作，设置“colspan=10”，按照跨列操作计算公式，在当前行删除 9 个<td>元素。示例代码如下。

十点加餐	苹果、葡萄、香蕉、橘子、火龙果等1-2种水果适量

图 3-17　加餐模块

```
<tr>
    <td>十点加餐</td>
    <td colspan="10">苹果、葡萄、香蕉、橘子、火龙果等 1-2 种水果适量</td>
</tr>
```

在浏览器中渲染的效果如图 3-18 所示。

图 3-18　加餐模块渲染效果

7. 主题模块其余部分

表格主题模块的其余部分的结构和表格主体模块和加餐模块的功能模块相同，复用上边的结构。示例代码如下。

```
<tr>
    <td rowspan="3">午餐</td>
    <td rowspan="3">大盘鸡烩面</td>
    <td>大盘鸡</td>
    <td rowspan="3">番茄豆腐鱼米饭</td>
    <td>米饭</td>
    <td rowspan="3">酸菜鱼米饭</td>
    <td>米饭</td>
    <td rowspan="3">牛肉粉丝汤面条</td>
    <td>牛肉粉丝汤</td>
    <td rowspan="3">鱼香肉丝饭</td>
    <td>米饭</td>
</tr>
<tr>
    <td>烩面</td>
    <td>番茄豆腐鱼</td>
    <td>酸菜鱼</td>
    <td>面条</td>
    <td>鱼香肉丝</td>
</tr>
<tr>
    <td>蔬菜汤</td>
    <td>凉拌木耳</td>
    <td>凉拌黄瓜</td>
    <td>美味面筋</td>
    <td>纯牛奶</td>
</tr>
<tr>
    <td>三点加餐</td>
    <td colspan="10">蛋糕、小饼干、铜锣烧、纯牛奶等小零食适量</td>
```

```
    </tr>
    <tr>
        <td rowspan="3">晚餐</td>
        <td rowspan="3">烩羊肉米饭</td>
        <td>烩羊肉</td>
        <td rowspan="3">酸汤酥肉饭</td>
        <td>米饭</td>
        <td rowspan="3">红烧鱼米饭</td>
        <td>红烧大鲤鱼</td>
        <td rowspan="3">火腿炸酱面</td>
        <td>炸酱面</td>
        <td rowspan="3">糊汤面</td>
        <td>糊汤面</td>
    </tr>
    <tr>
        <td>米饭</td>
        <td>酸汤酥肉</td>
        <td>米饭</td>
        <td>火腿</td>
        <td>家常豆腐</td>
    </tr>
    <tr>
        <td>蒸菜双拼</td>
        <td>凉拌黄花菜</td>
        <td>西湖牛肉羹</td>
        <td>纯牛奶</td>
        <td>烧青菜</td>
    </tr>
</tr>
```

在浏览器中展示的效果如图 3-19 所示。

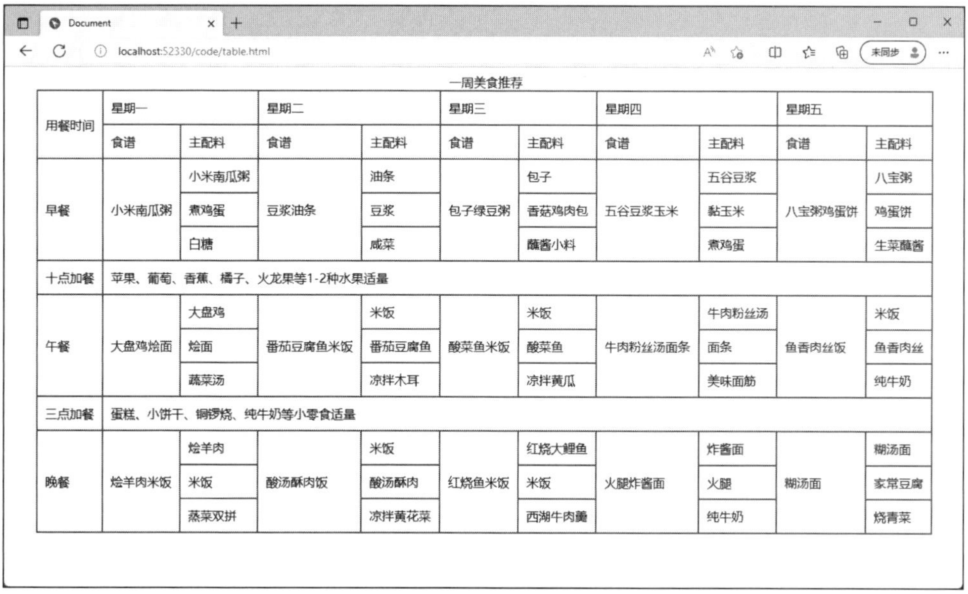

一周美食推荐										
用餐时间	星期一		星期二		星期三		星期四		星期五	
	食谱	主配料	食谱	主配料	食谱	主配料	食谱	主配料	食谱	主配料
早餐	小米南瓜粥	小米南瓜粥	豆浆油条	油条	包子绿豆浆	包子	五谷豆浆玉米	五谷豆浆	八宝粥鸡蛋饼	八宝粥
		煮鸡蛋		豆浆		香菇鸡肉包		黏玉米		鸡蛋饼
		白糖		咸菜		蘸酱小料		煮鸡蛋		生菜蘸酱
十点加餐	苹果、葡萄、香蕉、橘子、火龙果等1-2种水果适量									
午餐	大盘鸡烩面	大盘鸡	番茄豆腐鱼米饭	米饭	酸菜鱼米饭	米饭	牛肉粉丝汤面条	牛肉粉丝汤	鱼香肉丝饭	米饭
		烩面		番茄豆腐鱼		酸菜鱼		面条		鱼香肉丝
		蔬菜汤		凉拌木耳		凉拌黄瓜		美味面筋		纯牛奶
三点加餐	蛋糕、小饼干、铜锣烧、纯牛奶等小零食适量									
晚餐	烩羊肉米饭	烩羊肉	酸汤酥肉饭	米饭	红烧鱼米饭	红烧大鲤鱼	火腿炸酱面	炸酱面	糊汤面	糊汤面
		米饭		酸汤酥肉		米饭		火腿		家常豆腐
		蒸菜双拼		凉拌黄花菜		西湖牛肉羹		纯牛奶		烧青菜

图 3-19　整体渲染效果

附带完整的案例代码如下。

```html
<table border="1" cellspacing="0" cellpadding="5" >
    <caption>一周美食推荐</caption>
    <tr>
        <td rowspan="2">用餐时间</td>
        <td colspan="2">星期一</td>
        <td colspan="2">星期二</td>
        <td colspan="2">星期三</td>
        <td colspan="2">星期四</td>
        <td colspan="2">星期五</td>
    </tr>
    <tr>
        <td>食谱</td>
        <td>主配料</td>
        <td>食谱</td>
        <td>主配料</td>
        <td>食谱</td>
        <td>主配料</td>
        <td>食谱</td>
        <td>主配料</td>
        <td>食谱</td>
        <td>主配料</td>
    </tr>
    <tr>
        <td rowspan="3">早餐</td>
        <td rowspan="3">小米南瓜粥</td>
        <td>小米南瓜粥</td>
        <td rowspan="3">豆浆油条</td>
        <td>油条</td>
        <td rowspan="3">包子绿豆粥</td>
        <td>包子</td>
        <td rowspan="3">五谷豆浆玉米</td>
        <td>五谷豆浆</td>
        <td rowspan="3">八宝粥鸡蛋饼</td>
        <td>八宝粥</td>
    </tr>
    <tr>
        <td>煮鸡蛋</td>
        <td>豆浆</td>
        <td>香菇鸡肉包</td>
        <td>黏玉米</td>
        <td>鸡蛋饼</td>
    </tr>
    <tr>
        <td>白糖</td>
        <td>咸菜</td>
        <td>蘸酱小料</td>
        <td>煮鸡蛋</td>
        <td>生菜蘸酱</td>
```

```
    </tr>
    <tr>
        <td>十点加餐</td>
        <td colspan="10">苹果、葡萄、香蕉、橘子、火龙果等1-2种水果适量</td>
    </tr>
    <tr>
        <td rowspan="3">午餐</td>
        <td rowspan="3">大盘鸡烩面</td>
        <td>大盘鸡</td>
        <td rowspan="3">番茄豆腐鱼米饭</td>
        <td>米饭</td>
        <td rowspan="3">酸菜鱼米饭</td>
        <td>米饭</td>
        <td rowspan="3">牛肉粉丝汤面条</td>
        <td>牛肉粉丝汤</td>
        <td rowspan="3">鱼香肉丝饭</td>
        <td>米饭</td>
    </tr>
    <tr>
        <td>烩面</td>
        <td>番茄豆腐鱼</td>
        <td>酸菜鱼</td>
        <td>面条</td>
        <td>鱼香肉丝</td>
    </tr>
    <tr>
        <td>蔬菜汤</td>
        <td>凉拌木耳</td>
        <td>凉拌黄瓜</td>
        <td>美味面筋</td>
        <td>纯牛奶</td>
    </tr>
    <tr>
        <td>三点加餐</td>
        <td colspan="10">蛋糕、小饼干、铜锣烧、纯牛奶等小零食适量</td>
    </tr>
    <tr>
        <td rowspan="3">晚餐</td>
        <td rowspan="3">烩羊肉米饭</td>
        <td>烩羊肉</td>
        <td rowspan="3">酸汤酥肉饭</td>
        <td>米饭</td>
        <td rowspan="3">红烧鱼米饭</td>
        <td>红烧大鲤鱼</td>
        <td rowspan="3">火腿炸酱面</td>
        <td>炸酱面</td>
        <td rowspan="3">糊汤面</td>
        <td>糊汤面</td>
    </tr>
    <tr>
```

```
            <td>米饭</td>
            <td>酸汤酥肉</td>
            <td>米饭</td>
            <td>火腿</td>
            <td>家常豆腐</td>
        </tr>
        <tr>
            <td>蒸菜双拼</td>
            <td>凉拌黄花菜</td>
            <td>西湖牛肉羹</td>
            <td>纯牛奶</td>
            <td>烧青菜</td>
        </tr>
</table>
```

3.4 本章练习

1. 在表格中，用于设置表格的边框的属性是(　　)。

    A. border   B. cellspacing   C. cellpadding   D. Background

2. 下列选项中，能够用于定义表格头部的标签是(　　)。

    A. <thead></thead>   B. <tbody></tbody>

    C. <caption></caption>   D. <tfoot></tfoot>

3. 以下选项中，用于设置表格标题的是(　　)。

    A. <title>   B. <caption>   C. <head>   D. <html>

4. 下列选项中，用来设置单元格横跨的列数的是(　　)。

    A. width   B. bgcolor   C. rowspan   D. colspan

5. 下列标记中，可为表格设置"行"的是(　　)。

    A. <table></table>   B. <td></td>   C. <tr></tr>   D. <tt></tt>

6. 表格的属性有哪些？

7. 对表格如何实现跨行和跨列操作？请简要说明。

第 4 章

表单案例实战

在制作网页或者移动端 APP 页面的过程中，很多时候会和后台进行数据交互。大部分的数据交互都会在表单中完成。深入了解表单，有助于更完善地制作前端项目。

本章学习目标

◎ 掌握表单标签的使用
◎ 掌握 input 标签及其常用类型
◎ 掌握单选框和复选框的制作
◎ 掌握多行文本输入框的制作

4.1 表单标签

从上一章可以知道，前端可以使用表格进行数据操作，前端的精彩之处是它可以通过丰富的前端技术，来实现现实生活中的应用场景，表格可以展示用户群体的数据信息，而表单则可以收集每个用户的个人信息。

4.1.1 表单标签简介

HTML 标签中，使用率最高的当属表单标签。可以通过<form>标签为页面添加表单标签。

<form>标签用于在 HTML 页面中创建表单。可以通过表单及表单中的表单元素创建简单的调查问卷功能，并通过表单元素，把调查卷的内容提交到应用的后台，获取数据。这一切操作，不需要复杂的 AJAX 完成，只需要通过简单的 form 及一些列的表单元素即可，表单效果如图 4-1 所示。

图 4-1　使用 form 标签在浏览器上显示的一个表单区域

图 4-1 的 HTML 代码如下所示。

```html
<h3>表单元素</h3>
    <form action="index.jsp" method="get">
      输入姓名: <input type="text" value="" />
    </form>
```

4.1.2　表单标签的常用属性

form 标签具有以下几个常用属性。

1. name 属性

对当前 form 进行标记，指代这个 form。

2. method 属性

定义表单结果从浏览器传送到服务器的方式，一般有 get 和 post 两种方式，默认为 get。在使用的时候，需要注意，在 form 表单中使用 method 的时候，get 和 post 的区别如下：

(1) get 是从服务器下载数据，post 是向服务器传送数据。

(2) get 是把参数数据队列加到提交表单的 ACTION 属性所指的 URL 中，它的值和表单内各个字段是一一对应的，在访问的 URL 中可以看到。post 是通过 HTTP post 机制，将表单内各个字段与其内容放置在 HTML HEADER 内一起传送到 ACTION 属性所指的 URL 地址。用户看不到这个过程。

(3) get 方式服务器端可以使用 Request.QueryString 获取变量的值；然而 post 方式，服务器端通常使用 Request.Form 获取提交的数据。

(4) get 传送的数据量较小，由于不同浏览器的限制不同，一般为 2KB~8KB。post 传送的数据量较大，一般被默认为不受限制。

(5) get 安全性非常低，post 安全性较高；但执行效率方面，get 比 post 方法好。

3. action 属性

指定处理提交表单的方式，它可以是一个提交给后台的 URL 地址，也可以是一个电子邮件的地址。

4. enctype 属性

enctype 属性用来指明把表单提交给服务器时的互联网媒体形式。使用 enctype 时，它具有 3 种类型：

(1) multipart/form-data。不对字符编码，用于发送二进制的文件，其他两种类型不能用于发送文件。

(2) text/plain。用于发送纯文本内容，空格转换为"+"，不对特殊字符进行编码，一般用于 E-mail 之类。

(3) application/x-www-form-urlencoded。在发送前会编码所有字符，即在发送到服务器之前，所有字符都会进行编码(空格转换为"+"，"+"转换为空格，特殊符号转换为 ASCII HEX 值)。其中 application/x-www-form-urlencoded 为默认类型。

5. target 属性

指定提交的结果内容显示的位置。target 属性共有 4 个保留的目标名称用作特殊的文档重定向操作。

(1) _blank：在新页面打开，以未命名的窗体加载目标文档。

(2) _self：在当前页面打开，以未命名的窗体加载目标文档。

(3) _parent：文档加载父窗体或者包括超链接引用的框架的框架集。这个值在当前框没有父框时等价于_self。

(4) _top：文档加载包括这个超链接的窗体。用_top 目标将会清除全部被包括的框架并将文档加载整个浏览器窗体，这个值等价于当前框的_self。

使用以上属性，可以对 form 表单进行操作。

使用方式见如下代码：

```
<form
class="form"
action="/index.jsp"
method="get"
enctype="application/x-www-form-urlencoded"
target="_blank"
>

</form>
```

4.2 input 标签

在上一节了解到，可以使用 form 表单提交数据，当要制作一个用户输入个人信息的文本框，则需要使用 input 标签。它具有可以输入内容的功能，经常用来完成用户个人信息的输入。

4.2.1 input 标签的使用

表单元素中，input 标签是最重要的一个表单元素。如果要创建一个输入框，input 标签就可以实现一个输入框效果。<input>标签是一个单标签，用于在 HTML 页面中创建一个输入框或者选择框，代码如下。

```
<input type="text" />
```

最终效果如图 4-2 所示。

图 4-2　输入框效果

4.2.2 input 标签的常用属性

input 标签具有以下常用属性。

(1) type：设置当前 input 的类型。

(2) name：对当前 input 进行标记，常用于提交的数据字段名称。

(3) value：设置 input 标签的值，该值在提交的时候会提交到后台服务器。

(4) disabled：该属性禁用当前 input 元素，被禁用的 input 元素不可编辑，不可复制，不可选择，不能接收焦点，后台也不会接收到传值。设置后文字的颜色会变成灰色。

(5) readonly：该属性为只读属性，可以把 input 的 value 值提交到后台，但是不能对值进行修改。

1. type 属性

用于设置标签的类型，设置该类型后，input 标签可以执行不同的功能。本章将重点介绍输入类型，type 属性的常见输入类型有以下 6 个。

(1) text 类型。用于定义文本输入框的单行输入字段。

使用 type="text"属性，制作姓名输入框，代码如下所示。

```
<form class="form" action="index.php" method="get">
    输入姓名: <input type="text" value="" name="userNamme"  />
</form>
```

最终效果如图 4-3 所示。

(2) password 类型。用于定义密码字段，让输入的内容以密文形式显示。

使用 type="password"属性，制作一个密码输入框，代码如下所示。

```
输入密码: <input type="password" value="" name="psd" />
```

最终效果如图 4-4 所示。

图 4-3　姓名输入框　　　　　　　　　　图 4-4　密码输入框

(3) number 类型。用于定义数字输入的单行输入字段。

使用 type="number"属性，制作一个数字输入框，代码如下所示。

```
输入年龄: <input type="number" value="" name="age" />
```

最终效果如图 4-5 所示。

注意：数字输入框只能输入数字，不能输入其他类型的数据。

(4) button 类型。用于定义一个普通按钮。

使用 type="button"属性，制作普通按钮，该按钮可以进行普通点击。代码如下所示。

```
<input type="button" value="点击" />
```

最终效果如图 4-6 所示。

图 4-5　数字输入框　　　　　　　　　　图 4-6　普通按钮

(5) submit 类型。用于定义一个提交按钮。

使用 type="submit"属性，制作一个提交按钮，该按钮可以把 form 表单中填写的内容，提交给 form 的 action 属性值所表示的接口。代码如下所示。

```
<input type="submit" value="点击提交" />
```

最终效果如图 4-7 所示。

(6) reset 类型。用于定义一个重置按钮。

使用 type="reset"属性，制作一个重置按钮，该按钮可以把 form 表单中填写的内容，全部重置为默认内容，方便用户重新填写。代码如下所示。

```
<input type="reset" value="点击重置" />
```

最终效果如图 4-8 所示。

图 4-7　提交按钮　　　　　　　　　　　图 4-8　重置按钮

2. placeholder 属性

针对输入类型的 input 标签，可以使用 placeholder 属性，该属性提供可描述输入字段预期值的提示信息。该提示会在输入字段为空时显示，并会在字段获得焦点时消失。

使用 placeholder 属性，制作一个输入提示内容，代码如下所示。

```
输入姓名:<input type="text" placeholder="请输入姓名" value="" name="userNamme" />
```

最终效果如图 4-9 所示。

3. value 属性

使用 value 属性，可以设置 input 的值，在提交的时候，提交到后台的也是 value 属性的值。使用 value 属性设置值，代码如下所示。

```
输入姓名:<input type="text" placeholder="请输入姓名" value="秦始皇" name="userNamme" />
```

最终效果如图 4-10 所示。

图 4-9　提示信息效果　　　　　　　　　图 4-10　输入 value 值

4. disabled 属性

使用 disabled 属性，可以禁用当前的 input 标签。它是一个 boolean 值，也就是只能是 true 或者 false。也可以在使用的时候不赋值，这样默认为 true，即为禁用当前 input 标签。标签被禁用后，无法编辑和复制，也不能使用鼠标选择操作，即无法获取焦点。设置后文字的颜色会变成灰色。

使用 disabled 属性禁用输入效果，代码如下所示。

```
输入密码:<input type="password" value="" name="psd" disabled />
```

最终效果如图 4-11 所示。

5. readonly 属性

readonly 是只读属性，添加该属性以后，不能对输入框进行编辑，不能获取鼠标焦点。可以提交数据到后台。

使用 readonly 属性只读效果，代码如下所示。

```
输入年龄:<input type="number" value="20" name="age" readonly />
```

最终效果如图 4-12 所示。

图 4-11　禁用后无法输入内容　　　　　图 4-12　只读输入框

4.3　选择框

在表单中，最常见的还有选择框。选择框分为单选框、复选框和下拉选择框。比如要确定一个用户的性别，那就必须选男或者女，此时就是一个单选框，就是只能选择一个数据。如果让用户选择他的爱好，则可以选择不同的内容，此时就是一个复选框。如果需要在多个内容中选择一个，则需要一个下拉形式的选择框。

4.3.1　单选框

单选框的设置是需要给 input 标签添加一个 type="radio"属性，需要注意的是，使用时，单选的内容必须具有相同的 name 属性值，这样就可以进行单选操作。例如，选择性别时，用户只能进行男和女中某一项的选择，代码如下所示。

```
性别: <input type="radio" name="sex" value="男" />男
      <input type="radio" name="sex" value="女" />女
```

上述代码中，确保两个 input 的 name 值是相同的，这样可以在选择的时候只选其中的一个。提交的时候是被选中的 input 的 value 值。

最终效果如图 4-13 所示。

图 4-13　单选框效果

4.3.2　复选框

复选框的设置是给 input 标签添加一个 type="checkbox"属性，和单选框一样，使用的时候，复选的内容必须具有相同的 name 值，这样不但可以进行复选操作，还可以在提交到后台的时候，进行统一提交。例如，选择喜欢的图书，用户可以选择多个选项，代码如下所示。

```
选择图书: <input type="checkbox" name="book" value="三国演义">三国演义
        <input type="checkbox" name="book" value="水浒传">水浒传
        <input type="checkbox" name="book" value="红楼梦">红楼梦
        <input type="checkbox" name="book" value="西游记">西游记
```

最终效果如图 4-14 所示。

图 4-14　复选框效果

 注意

如果给单选框或者复选框添加一个禁用属性，则都不能执行选中操作，也不能被提交。

4.3.3　下拉选择框

当用户想要在多个数据中选择某一个数据时，可以使用下拉选择框。

下拉选择框的标签是<select>。select 中需要包含选择项<option>标签，这两种类型的标签结合，便可以做一个下拉选择框。<option>标签的 value 属性可以把选中的内容提交给后台。因此，在开发中，每一个<option>标签必须添加一个 value 属性。例如，开发者想要收集用户喜欢的运动，可以使用下拉选择框来实现，代码如下。

```
选择运动： <select>
          <option value="篮球">篮球</option>
          <option value="足球">足球</option>
          <option value="排球">排球</option>
          <option value="乒乓球">乒乓球</option>
          <option value="网球">网球</option>
          <option value="溜溜球">溜溜球</option>
          </select>
```

最终效果如图 4-15 所示。

图 4-15　下拉选择框效果

4.4　多行文本域

如果需要在表单中输入大量的文字，则一个单行无法实现需要的效果。此时就可以使用多行文本操作。和 input 单行文本输入框一样，多行文本也可以直接把数据提交到后台进行处理。

4.4.1　多行文本标签

输入多行文本，使用的是<textarea>标签。该标签直接把一个多行文本输入框渲染到 HTML 页面上。可以在里面直接输入内容，所使用的代码如下所示。

```
评论： <textarea></textarea>
```

最终效果如图 4-16 所示。

图 4-16　多行文本输入框

4.4.2　多行文本域的属性

多行文本域的相关属性可以设置文本域的大小，一个单纯的多行文本输入框，在项目中显得不太美观。因此可以给这个文本框添加它的行和列的属性，让它的显示更加美观实用。

通常通过 cols 和 rows 属性来设置 textarea 的外观尺寸大小。

当然，也可以用 CSS 直接设置元素的 height 和 width 属性。这样设置起来会更加方便和高效。设置文本域大小的代码如下所示。

```
评论: <textarea cols="30" rows="10"></textarea>
```

最终效果如图 4-17 所示。

图 4-17　设置多行文本的固定行和列

4.5　表单排版实战

以上学习了 form 表单的一些基本操作，学会了 input 标签以及 input 标签的使用方式，学会制作输入框以及单选和复选框等。学习了 select 下拉框标签，能够利用 select 标签制作简单的下拉选择框，并且可以使用多行文本做评价效果。本节将完成一个表单排版实例。

4.5.1　项目分析

使用 form 表单完成一个问卷调查实例，整个开发过程将会从需求分析、VSCode 开发工具、架构设计和代码编写依次进行。按照线上生产环境代码的要求，编写可维护性高、易于扩展、通用性强的代码。

项目技术分析：使用 form 表单制作一个表单区域，使用 input 做输入框和单选/复选按钮；使用 select 制作下拉框；使用 textarea 制作意见反馈框；最后制作一个提交按钮。

项目学习的内容：form 的简单使用、input 制作输入框、input 制作单选按钮、input 制作复选按钮、制作多行文本输入的技巧。

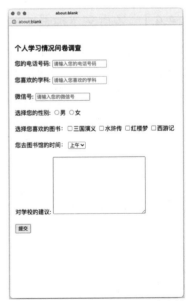

4.5.2　项目开发

项目开发的过程分为分析项目、创建页面、标题编写、form 表单编写和内部代码编写等 5 个过程。

1. 分析项目

该 form 表单实战项目是一个单页面的个人学习情况问卷，如图 4-18 所示。

图 4-18　个人学习情况问卷调查表单

该项目主题是一个调查表单，使用前几章的知识点和本章表单的基本知识，合理使用适当的标签，即可完成该项目。

2. 创建页面和编写标题

打开 VSCode 编辑器，创建一个工程，快速搭建一个 html 页面。然后在页面中书写一个 H3 标签，在标签内部写入文本"个人学习情况问卷调查"。

代码如下：

```
<h3>个人学习情况问卷调查</h3>
```

3. 编写 form 表单

在上面 H3 标题的下面，直接写入 form 表单。设置表单的 action 为 index.php(测试的提交地址)，设置提交的方式是 get 提交，设置方法为 method="get"。

具体实现代码如下：

```
<form action="index.php" method="get"></form>
```

4. 编写内部代码

根据设计图，首先编写输入电话号码的效果。它是一个输入框效果，所以使用 input 标签，设置 type="text"即可。同样，为了提高用户体验，可以写入一个提示信息，提示信息使用 placeholder 属性设置。具体代码如下：

```
您的电话号码: <input type="text" placeholder="请输入您的电话号码" value="" name="phone" />
```

设置后的效果如图 4-19 所示。

接下来，使用同样的方式制作喜欢的学科和微信号的输入框。为了使上下两个标签空出一段距离，这样使页面更加美观，使用
标签进行换行。具体代码如下：

```
您喜欢的学科: <input type="text" placeholder="请输入您喜欢的学科" value="" name="subject"
          /><br/><br/>
微信号: <input type="text" placeholder="请输入您的微信号" value="" name="wx" /><br/><br/>
```

代码编译后的效果如图 4-20 所示。

图 4-19　电话号码输入框

图 4-20　输入框效果

其次是"选择性别"效果的编写。选择性别，可以使用 input 制作单选框。要设置 input 的 type 为 radio，并且两个 input 的 name 值均为 sex，这样写的目的是为了实现单选效果。因为只有设置了 name 相同的多个单选框，才能完成单选效果。具体代码如下：

```
选择您的性别: <input type="radio" name="sex" value="男" />男 <input type="radio" name="sex"
         value="女" />女<br/><br/>
```

代码编译后的效果如图 4-21 所示。

如上效果，就实现了手动选择性别的功能。

书写选择图书的过程，首先分析选择图书，可以选择多个图书，也可以选择单个图书，因此该功能为一个多选操作，所以使用复选框。制作复选框时，首先设置 type 为 checkbox，然后需要使每一个复选框的 name 相同，这样才能确保提交的时候统一提交。具体代码如下：

```
选择您喜欢的图书: <input type="checkbox" name="book" value="三国演义">三国演义
              <input type="checkbox" name="book" value="水浒传">水浒传
              <input type="checkbox" name="book" value="红楼梦">红楼梦
              <input type="checkbox" name="book" value="西游记">西游记
         <br/><br/>
```

代码编译后的效果如图 4-22 所示。

图 4-21　单选框效果　　　　　　　　　　图 4-22　复选框效果

然后编写去图书馆的时间选择，该选择是在多个选项中，选择一个作为最终选中项。它是一个 select 选择框，设置 select 的时候，需要在 select 中设置子标签 option，切记要设置 option 的 value 属性为对应的内容。具体代码如下：

```
您去图书馆的时间: <select>
              <option value="上午">上午</option>
              <option value="中午">中午</option>
              <option value="下午">下午</option>
              <option value="晚上">晚上</option>
              </select>
              <br/><br/>
```

代码编译后的效果如图 4-23 所示。

对学校的建议，是一个多行文本输入框，为了使它更加美观，所以设置了文本框的行和列，具体代码如下：

```
对学校的建议: <textarea cols="40" rows="8"></textarea><br/><br/>
```

代码编译后的效果如图 4-24 所示。

图 4-23　下拉选择框的实现

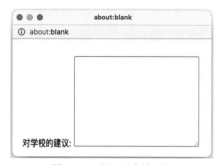

图 4-24　多行文本输入框

最后要实现的是一个提交按钮。也可以使用 input 设置，此时需要把 input 的 type 属性设置为 submit。然后设置 input 的 value 值为"提交"。这样就设置了一个提交按钮。具体代码如下：

```
<input type="submit" value="提交" />
```

代码编译后的效果如图 4-25 所示。

图 4-25　form 表单总体效果

至此，form 表单案例实战的项目已经制作完成。如果想要熟练操作，一定要亲自开发本项目案例，在实战中掌握开发技巧。

4.6 本章练习

1. 标签(　　)可以创建一个表单。

    A. div   B. span   C. form   D. input

2. (　　)input 标签的 type 属性可以创建单选框。

    A. text   B. radio   C. checkbox   D. password

3. (　　)input 标签的 type 属性可以创建密码框。

    A. text   B. radio   C. checkbox   D. password

4. (　　)标签可以创建多行文本输入框。

    A. div   B. textarea   C. form   D. input

5. (　　)input 标签的 type 属性可以创建提交按钮。

    A. div   B. span   C. form   D. submit

第5章

CSS布局之个人简历制作

CSS 是 Cascading Style Sheets 的首字母简写，意为层叠样式表，是一种将样式应用到页面标签的技术。CSS 主要用于修改 HTML 页面的样式。熟练使用 CSS 是制作精美多样页面的基础。如果没有 CSS，页面中就无法设置字体、颜色、宽高等属性，而如果使用 HTML 标签来设置样式，则代码就会非常繁琐。

本章学习目标

◎ 了解 CSS
◎ 了解基础选择器的使用
◎ 了解文本属性的操作
◎ 了解文字属性的操作
◎ CSS 项目布局实战

5.1 基础选择器

选择器是 CSS 的一个极其重要的内容。使用选择器可以提高前端开发者修改样式的工作效率。因为在大型项目开发过程当中，要使用到非常复杂的 CSS 样式，如果没有选择器，把样式和 HTML 结合起来将会十分复杂。本章将介绍一些列 CSS 选择器，方便样式和文档分离，使前端开发一马平川。

5.1.1 CSS 使用方式

CSS 是描述 HTML 样式的语言，它告诉浏览器应该如何显示 HTML 元素。

1. CSS 语法

CSS 的写法由选择器和声明块组成。如下代码所示。

```
p { color:red; font-size:20px; }
```

其中的 p 表示选择器,选择器指向了需要设置样式的 HTML 标签。选择器和 CSS 代码块之间使用空格隔开。{}包含的是 CSS 代码块,其中 color:red 是一个 CSS 样式声明块。color 表示 CSS 属性名,red 表示属性的值。CSS 样式声明块之间通过空格隔开,一个{}可以包含一个或者多个 CSS 样式声明块,每一个样式声明块使用英文的分号结尾。如上代码的最终显示结果如图 5-1 所示。

图 5-1 使用 CSS 设置 p 标签的样式

2. CSS 的引入方式

引入 CSS 样式表,具有以下三种方式:

(1) 外部 CSS。通过使用外部样式表,可以修改一个 CSS 样式,这样就能对整个页面进行样式的修改。外部样式表的引入,必须在 HTML 页面<head>标签中的<link>元素上对外部 CSS 文件进行引入。引入外部 CSS 代码如下,演示效果如图 5-2 所示。

```
<!DOCTYPE html>
<html>
  <head>
    <meta charset="utf-8">
    <title>CSS 的使用方式</title>
    <link rel="stylesheet" type="text/css" href="style.css" />
  </head>
  <body>
    <h1>前不见古人</h1>
    <p>北国风光, 千里冰封, 万里雪飘</p>
  </body>
</html>
```

其中,外部样式表的扩展名必须是.css。style.css 的内容如下:

```
p { color:red;font-size:20px; }
```

其中 px 是像素的意思,它是样式表的一个数值单位。color 表示设置颜色,它的值可以是英文单词,也可以是 16 进制的表达方式,例如: #ff0000 就表示红色。

图 5-2 CSS 外部引入方式效果

(2) 内部 CSS。在一个 HTML 页面中,可以设置专门针对该页面的样式,称为内部样式表。内部样式一般定义在<head>标签中的<style>元素上,在<style>元素中可以设置 CSS 样式。内部 CSS 的实例代码如下,效果如图 5-3 所示。

```
<!DOCTYPE html>
<html>
  <head>
    <meta charset="utf-8">
    <title>CSS 的使用方式</title>
    <style>
      h1 {
        color:green;
        font-size:40px;
      }
      p {
        color:red;
        font-size:30px;
      }
    </style>
  </head>
  <body>
    <h1>前不见古人</h1>
    <p>北国风光，千里冰封，万里雪飘</p>
  </body>
</html>
```

图 5-3　内部 CSS 引入效果

(3) 行内 CSS。在一个 HTML 页面中，可以设置专门针对某一个元素的样式，称为行内样式，也被叫做内联样式。行内样式一般定义在所使用的标签元素上，通过元素 style 属性可以设置 CSS 样式。行内 CSS 的实例代码如下，效果如图 5-4 所示。

```
<!DOCTYPE html>
<html>
  <head>
    <meta charset="utf-8">
    <title>CSS 的使用方式</title>
  </head>
  <body>
    <h1 style="color:green; font-size:40px;">前不见古人</h1>
    <p style="color:blue;font-size:30px;">北国风光，千里冰封，万里雪飘</p>
  </body>
</html>
```

总结，如果需要使用一个样式表，控制多个页面的样式，则使用外部样式表；如果需要针对一个页面设置样式表，则可以使用内部样式表；如果需要专门针对一个标签设置样式，则可以使用行内样式表。由于行内样式表设置复杂，修改困难，不易于项目后期维护，因此尽可能不要轻易使用。

图 5-4　内联样式表代码效果

5.1.2　标签选择器

CSS 中，可以通过标签选择器，给元素设置样式。它是通过元素的名称，来选择对应的样式作用在哪一个 HTML 元素上。实例代码如下，效果如图 5-5 所示。

```
<!DOCTYPE html>
<html>
  <head>
    <meta charset="utf-8">
    <title>CSS 的使用方式</title>
    <style>
      p {
        color:red;
        font-size:30px;
      }
    </style>
  </head>
  <body>
    <p>匈奴未灭，何以家为</p>
    <p>明犯强汉者，虽远必诛</p>
    <p>苍茫大地，谁主沉浮</p>
  </body>
</html>
```

图 5-5　标签名选择器显示效果

如上代码中，设置了全局的 p 标签的颜色为红色，文字大小为 30 像素。同理，可以通过这种方式，设置任何标签的样式。

5.1.3　类选择器

通过对标签选择器的学习，了解到可以通过标签设置样式，但如果是相同的标签，需要设置不同的样式，就需要使用类选择器了。在 CSS 中，类选择器可以把相同的元素设置成不同的样式，代码如下。

```
.one {
  color:red;
  font-size:30px;
}
.two {
  color:green;
  font-size:30px;
}
.three {
  color:blue;
  font-size:30px;
}
```

如上设置，其中 one、two、three 是要设置的类名。注意，设置类名的时候需要在类名前面添加一个英文句号(.)。类名不能以数字开头，可以是一个单词，也可以是单词的组合，通过中划线(-)组合在一起。

然后再对页面上的 p 元素设置 class 属性，把设置好的样式指定给具体某一个 p 元素。代码如下所示。

```
<p class="one">匈奴未灭，何以家为</p>
<p class="two">明犯强汉者，虽远必诛</p>
<p class="three">苍茫大地，谁主沉浮</p>
```

以上代码显示的效果如图 5-6 所示。

图 5-6　类选择器的效果

在开发的时候，可能需要的不仅是一个类名对一个元素设置样式，这样就需要给一个元素设置多个样式。在给一个元素设置多个样式的时候，需要给元素加上 class 属性的值，用空格把两个或者多个类名分开。代码设置如下，效果如图 5-7 所示。

```
<!DOCTYPE html>
<html>
```

```
<head>
  <meta charset="utf-8">
  <title>CSS 的使用方式</title>
  <style>
    .one {
      color:red;
      font-size:20px;
    }
    .two {
      color:green;
      font-size:40px;
    }
    .three {
      color:blue;
    }
  </style>
</head>
<body>
  <p class="one">匈奴未灭，何以家为</p>
  <p class="two">明犯强汉者，虽远必诛</p>
  <p class="three one two">苍茫大地，谁主沉浮</p>
</body>
</html>
```

图 5-7　多个类名选择器的效果

注意，如果几个类名中，含有同样的 CSS 属性设置，那么后写的类名样式会覆盖前面写的类名样式。

5.1.4　id 选择器

通过对类选择器的学习，了解到可以使用类选择器的方式设置样式。但是如果要给特定的标签设置特定的样式，则可以通过 id 选择器设置样式。在上例中的 p 标签中，用如下代码设置 id 选择器。

```
#area {
  color:cyan;
  font-size:40px;
}
```

如上设置，其中 area 是要设置的 id 名。注意，设置 id 名的时候需要在选择器名称前面添加一个英文#号。和类名一样，id 名也不能以数字开头，也可以是一个单词或者单词的组合，通过中划线(-)组合在一起。

然后再给页面上的任意元素设置 id 属性，把设置好的样式指定给具体某一个元素。代码如下所示。

```
<p class="one" id="area">匈奴未灭，何以家为</p>
```

以上代码显示的效果如图 5-8 所示。

图 5-8　id 选择器效果

如图 5-8 所示，红色区域标注的是为 id 选择器设置的样式。id 选择器的权重很高，同时和类名选择器作用于同一个元素，如果有相同属性设置，id 选择器的样式就会覆盖其他类名选择器。此外，id 必须是唯一的，并且一旦命名，就需要在 HTML 结构中使用。

5.2　文本属性

在前端开发当中，要制作一个多姿多彩的网页，必不可少的操作就是设置丰富的文本样式。因此制作页面的基础，便是丰富的文本属性设置。本节将全面介绍文本属性的样式及其具体应用。

5.2.1　文本颜色

CSS 中设置文本颜色的属性是 color，设置 color 的值常用的有设置颜色名称、RGB 和 HEX 值。其中，三种颜色的设置方式如下。

1. 颜色名称

设置具体的英文单词颜色即可。

2. RGB 值

在设置 CSS 属性的时候，可以通过以下方式设置颜色的 RGB 值：

```
rgb(red,green.blue)
```

其中 red、green 和 blue 均为 0~255 的颜色值。

例如，rgb(255,255,255)为白色，rgb(0,0,0)为黑色。

还有，大部分灰色，只需要使用相同的值来定义 r、g、b 三个值即可。

其次，如果需要设置颜色的不透明度，只需要设置 rgba(red、green、blue、alpha)即可。alpha 参数是 0.0~1.0 的数字。其中 0 代表完全透明，1 代表完全不透明。如果需要设置颜色的不透明度为 50%，只需做如下设置。

```
rgba(255,0,0,0.5)
```

这样就获得了一个半透明的红色属性设置。

3. HEX 值

在 CSS 中，可以使用十六进制设置颜色，设置方式如下：

```
#rrggbb
```

如上代码中，rr 代表红色色值，gg 代表绿色色值，bb 代表蓝色色值。这三个色值分别是介于 00 到 ff 之间的十六进制值。十六进制的最大值是 ff，最小值是 00。ff 类似十进制中的 255，00 类似十进制中的 0。

同 RGB 值一样，大部分灰色也是使用相同的值来定义 r、g、b 三个值。

了解了颜色的设置以后，就可以通过设置任意一种颜色的方式，对文本设置颜色。如下方式：

```
.txt {
    color:#ff0000;
    font-size:20px;
    }
<p class="txt">弃我去者，昨日之日不可留</p>
```

效果如图 5-9 所示。

图 5-9　设置文本的颜色效果

如图 5-9 所示，由于代码设置了文本的颜色为#ff0000，这样就显示为红色。

5.2.2　文本居中

CSS 中设置文本对齐的属性是 text-align，通过该属性可以设置文本左对齐、右对齐和居中对齐。它的值有如下几个：

(1) left：设置文本左对齐，同时也是默认对齐方式。

(2) right：设置文本右对齐。

(3) center：设置文本居中对齐。

如果设置文本居中对齐，可以进行如下设置：

```
.txt {
color:#ff0000;
font-size:20px;
text-align: center;
}
```

它的效果如图 5-10 所示。

图 5-10　文本的居中对齐效果

5.2.3　文本缩进

若要在 CSS 中设置文本第一行缩进，则使用 text-indent 属性设置，它的值是一个具体的像素值，这样便可以设置文本缩进的具体值。具体设置方式如下：

```
.txt {
    color:# ff0000;
    font-size:20px;
    text-indent: 40px;
}
<p class="txt">弃我去者，昨日之日不可留；乱我心者，今日之日多烦忧。长风万里送秋雁，对此可以酣高楼。蓬莱文章建安骨，中间小谢又清发。俱怀逸兴壮思飞，欲上青天览明月。抽刀断水水更流，举杯消愁愁更愁。人生在世不称意，明朝散发弄扁舟。</p>
```

以上代码的显示效果如图 5-11 所示。

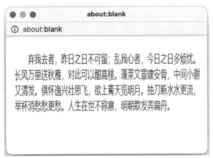

图 5-11　首行文字缩进 40 像素的效果

5.2.4　文本修饰

若要在 CSS 中设置删除文本的效果，则使用 text-decoration 属性进行操作。该属性常用的值有如下几个。

(1) none：默认值。设置标准的文本，它可以去掉其他文本修饰样式。

(2) underline：设置文本下面有一条下划线。

(3) overline：设置文本上面有一条上划线。

(4) line-through：设置穿过文本中间的一条线。

具体设置方式如下，显示效果如图 5-12 所示。

```
.txt1 {
  font-size:20px;
  text-decoration:underline;
}
<p class="txt1">弃我去者，昨日之日不可留</p>
```

图 5-12　给文本添加下划线效果

5.3　文字属性

在页面制作中，可以通过设置文字的属性，把文字渲染得丰富多彩。在日新月异的 Web 发展当中，单调的文字样式，已经无法满足用户更高的视觉体验要求。因此根据设计图精准完成文字的样式设置，是每一个前端开发者具备的基本技能。

5.3.1　字体家族

为整个网站选择适当的字体，能够提高用户的浏览器体验感，增加网页的浏览量。

在 CSS 中，可以通过 font-family 属性来设置字体族。font-family 可以设置多个字体名称，用来确保用户的浏览和操作系统的兼容。设置的时候把最需要的字体放在最前面，依次设置其他兼容字体，字体名称用英文的逗号隔开。渲染的时候会按照设置顺序从操作系统中查找相关的字体，找到后即可渲染成页面文本字体。在设置字体的时候，可以使用通用系列字体结束，使用通用字体的作用时，如果没有找到任何字体，则可以让浏览器自己选择通用字体中的相似字体进行渲染。

CSS 中，有 5 个通用字体族。

(1) 衬线字体(serif)：在每个字母的边缘都有一个小的笔触。它能渲染出一种艺术感。

(2) 无衬线字体(sans-serif)：字体线条非常简洁。它能渲染出书法的视觉感。

(3) 等宽字体(monospace)：所有字母都有相同的固定宽度。它能渲染出机械感。

(4) 草书字体(cursive)：它能渲染出现代书法的感觉。

(5) 幻想字体(fantasy)：它能渲染出儿童梦幻般的字体。

设置字体族的代码如下：

```
<!DOCTYPE html>
<html>
  <head>
    <meta charset="utf-8">
    <title>CSS 的使用方式</title>
    <style>
      .txt {
        color:#ff0000;
        font-size:20px;
        text-indent: 40px;
        font-family:"宋体", "Lucida Console", "Courier New", monospace;
      }
    </style>
  </head>
  <body>
    <p class="txt">弃我去者，昨日之日不可留；乱我心者，今日之日多烦忧。长风万里送秋雁，对此可以酣高
楼。蓬莱文章建安骨，中间小谢又清发。俱怀逸兴壮思飞，欲上青天览明月。抽刀断水水更流，举杯消愁愁更愁。人生在世不
称意，明朝散发弄扁舟。</p>
  </body>
</html>
```

上述代码中，设置了字体族为"font-family:"宋体", "Lucida Console", "Courier New", monospace;"这样就会首先渲染宋体字体，往后依次渲染设置的字体。显示效果如图 5-13 所示。

图 5-13 为字体家族设置显示宋体效果

5.3.2 文字大小

CSS 中通过 font-size 属性设置文字的大小。其中 font-size 值可以设置为绝对值或者相对值。

绝对值是将文本设置为指定的大小，具体可以使用像素作为单位。在任何浏览器中都不会改变通过像素设置的文字大小。

相对值的设置是相对于父元素的大小，使用 em 作为单位。相对于 html 标签设置大小，则使用 rem 作为单位。

另外如果没有设置大小，则文本的默认大小为 16px，同时 16px 为 1em。

设置字体大小的代码如下，效果如图 5-14 所示。

```html
<!DOCTYPE html>
<html>
  <head>
    <meta charset="utf-8">
    <title>CSS 的使用方式</title>
    <style>
      .txt1 {
        font-size:20px;
      }
      .txt2 {
        font-size:30px;
      }
      .txt3 {
        font-size:40px;
      }
      .txt4 {
        font-size:25px;
      }
    </style>
  </head>
  <body>
    <p class="txt1">弃我去者，昨日之日不可留</p>
    <p class="txt2">弃我去者，昨日之日不可留</p>
    <p class="txt3">弃我去者，昨日之日不可留</p>
    <p class="txt4">弃我去者，昨日之日不可留</p>
  </body>
</html>
```

图 5-14　设置不同的字体大小效果

5.3.3　文字加粗

CSS 中文本的粗细可以使用 font-weight 设置。它有以下几个值。

(1) normal：默认值，它设置的是标准字符粗细。

(2) bold：它可以设置粗体字符。

(3) bolder：它可以设置更粗体字符。

(4) lighter：它可以设置更细的字符。

(5) inherit：它规定应该从父元素继承字体的粗细。

同时，也可以使用 100~900 具体的数值来设置字体的粗细，400 等同于 normal，而 700 等同于 bold。

设置字体粗细的具体代码如下，效果如图 5-15 所示。

```html
<!DOCTYPE html>
<html>
  <head>
    <meta charset="utf-8">
    <title>CSS 的使用方式</title>
    <style>
      .txt1 {
        font-size:20px;
        font-weight:normal;
      }
      .txt2 {
        font-size:20px;
        font-weight:bold;
      }
      .txt3 {
        font-size:20px;
        font-weight:bolder;
      }
      .txt4 {
        font-size:20px;
        font-weight:lighter;
      }
    </style>
  </head>
  <body>
    <p class="txt1">弃我去者，昨日之日不可留</p>
    <p class="txt2">弃我去者，昨日之日不可留</p>
    <p class="txt3">弃我去者，昨日之日不可留</p>
    <p class="txt4">弃我去者，昨日之日不可留</p>
  </body>
</html>
```

图 5-15　设置不同的字体粗细效果

5.3.4　文字倾斜

若要在 CSS 中设置斜体文本，则可以使用 font-style 来设置。它有以下几个值。

(1) normal：默认值，文本可以正常显示。

(2) italic：它可以设置斜体文本。

(3) oblique：它可以设置文本"倾斜"，不过倾斜与斜体显示的比较相似，因此不常用。

以下代码是设置文字的倾斜，效果如图 5-16 所示。

```html
<!DOCTYPE html>
<html>
  <head>
    <meta charset="utf-8">
    <title>CSS 的使用方式</title>
    <style>
      .txt1 {
        font-size:20px;
        font-weight:normal;
        font-style:normal;
      }
      .txt2 {
        font-size:20px;
        font-weight:bold;
        font-style:italic;
      }
      .txt3 {
        font-size:20px;
        font-weight:bolder;
        font-style: oblique;
      }

    </style>
  </head>
  <body>
    <p class="txt1">弃我去者，昨日之日不可留</p>
    <p class="txt2">弃我去者，昨日之日不可留</p>
    <p class="txt3">弃我去者，昨日之日不可留</p>
  </body>
</html>
```

图 5-16　设置不同的字体倾斜

5.3.5　文字行高

CSS 中文本的行高可以使用 line-height 设置。它有以下几个值。

(1) normal：默认值，可以设置合理的行间距。

(2) (数字)：设置固定的行间距，它的单位是 px。

(3) %：它可以设置基于当前字体尺寸的百分比行间距。

以下代码是设置文本的行高，它的效果如图 5-17 所示。

```html
<!DOCTYPE html>
<html>
  <head>
    <meta charset="utf-8">
    <title>CSS 的使用方式</title>
    <style>
      .txt1 {
        font-size:20px;
        line-height: normal;


      }
      .txt2 {
        font-size:20px;
        line-height: 200%;
      }
      .txt3 {
        font-size:20px;
        line-height:40px;
      }
    </style>

  </head>
  <body>
    <p class="txt1">弃我去者，昨日之日不可留</p>
    <p class="txt2">弃我去者，昨日之日不可留</p>
    <p class="txt3">弃我去者，昨日之日不可留</p>
  </body>
</html>
```

图 5-17　行高设置效果

5.4 CSS 项目布局实战

以上学习了 CSS 的基本使用方式，学会了选择器的使用、文本属性的设置和文字属性的设置，学会了如何对文本和文字进行一系列的操作，如何制作精美的以文本编排为主的视觉性极强的页面效果。本节将会完成个人简历的排版实例。

5.4.1 项目分析

本节将使用 HTML+CSS 开发个人简历，整个开发过程将会从需求分析、VSCode 开发工具、架构设计和代码编写依次进行。按照线上生产环境代码的质量要求，编写可维护性高、易于扩展、通用性强的代码。

项目技术分析：使用 div 和 a 标签制作一个简历头部；使用 img 标签制作头像；使用 h3 标签注明求职者的名字和每一个模块的标题，然后使用 p 标签输入各自模块的内容。最后再使用 CSS 的文字属性和文本属性，对这些内容进行修饰。

项目学习的内容：HTML 的布局和 CSS 的使用。

5.4.2 项目开发

项目开发分为分析项目、创建页面、头部编写和正文模块内容编写等四个过程。

1. 分析项目

该实战项目是一个单页面个人简历，如图 5-18 所示。

该项目主题是一个简单的个人简历，利用前几章的知识点和本章 CSS 的基本知识，合理使用适当的标签，完成该项目。

2. 创建页面和编写头部

打开 VSCode 编辑器，创建一个工程，快速搭建一个 html 页面。然后在页面中书写 div 标签，作为存放头部的容器，头部的几个标题使用 a 标签制作。然后给本 HTML 结构设置 CSS，头部导航可以

图 5-18 简单的个人简历图例

让内部的标签居中显示，内部的 a 标签设置 href 属性为对应的 id 作为锚点功能。然后根据设计图，分别设置具体的 CSS 属性。还需要使用 background-color 属性设置背景颜色，颜色的设置和 color 的设置一致。

代码如下，效果如图 5-19 所示。

```css
.nav {
  text-align: center;
  line-height:60px;
  background-color:#e0e0e0;
}
 a {
   text-decoration: none;
   color:#666666;
   font-size:20px;
   font-weight: bold;
 }
 a:hover {
   color:#333333;
 }
<div class="nav">
 <a href="#info">基本信息</a>   
 <a href="#job">工作经历</a>   
 <a href="#edu">教育经历</a>   
 <a href="#lang">语言技能</a>   
 <a href="#reward">奖项&证书</a>
</div>
```

图 5-19 头部效果

3. 编写正文模块内容

根据设计图，首先编写个人信息模块，个人信息包括头像、姓名、年龄、毕业院校、手机和邮箱。标签分为 3 种：img、h3 和 p。设置 CSS 的时候，根据设计图，对文本和文字进行设置。具体代码如下，效果如图 5-20 所示。

```css
.username {
  font-family: '微软雅黑', Times, serif;
  color:#333;
  font-size:40px;
  font-weight: bold;
  line-height:40px;
}
.info {
  font-size:20px;
```

```
    color:#666;
    line-height:20px;
}
<div id="info">
<br/><br/>
<img src="ng.webp" alt="" width="150" height="200">
<h3 class="username">西北玄天客</h3>
<p class="info">年龄: 20</p>
<p class="info">毕业院校: xxxx 大学</p>
<p class="info">手机: 138xxxx0000</p>
<p class="info">邮箱: 20xxxxx@xxx.com</p>
<br/><br/>
</div>
```

图 5-20　个人信息的效果

接下来，用同样的方式书写工作经历。注意使用 hr 标签给标题下绘制一条衬托线。工作时间、工作单位和职位的文字大小以及颜色的设置尤为重要。最后是整体背景颜色的设置，这样可以制作出各行变色的效果。具体代码如下，效果如图 5-21 所示。

```
.grey {
    background:#f0f0f0;
}

.tit {
    font-family: '宋体', Times, serif;
    color:#333;
    font-size:40px;
    line-height:40px;
}

.date {
    font-size:14px;
    color:#666;
}
.position {
    color:#666;
}
.bar {
    text-decoration: underline;
}
<div class="grey" id="job">
    <br/><br/>
    <h3 class="tit">工作经历</h3>
    <hr/><br/>

    <p class="date">2019-2022</p>
    <div>
        <span class="bar">xxxxx 公司</span>
```

图 5-21　"工作经历"部分的效果

```
        </div>
        <p class="position">前端开发工程师</p>
        <br/>

        <p class="date">2017-2019</p>
        <div>
          <span class="bar">xxxxxxxxxxxxxxxxxxx 公司</span>
        </div>
        <p class="position">前端开发工程师</p>
        <br/>

        <p class="date">2015-2017</p>
        <div>
          <span class="bar">xxxxxxxxxx 公司</span>
        </div>
        <p class="position">前端开发工程师</p>
        <br/>
      <br/>
    </div>
```

其次是教育经历、语言技能和奖励证书 3 个模块。这 3 个模块不需要书写 CSS 内容。因为这 3 个模块的样式和上面的模块设置是一样的。以下是"个人简历"的整体代码，效果如图 5-18 所示。

```
<!DOCTYPE html>
<html>
  <head>
    <meta charset="utf-8">
    <title>个人简历</title>
    <style>
      .nav {
        text-align: center;
        line-height:60px;
        background-color:#e0e0e0;
      }
      a {
        text-decoration: none;
        color:#666666;
        font-size:20px;
        font-weight: bold;
      }
      a:hover {
        color:#333333;
      }
      .username {
        font-family: '微软雅黑', Times, serif;
        color:#333;
        font-size:40px;
        font-weight: bold;
        line-height:40px;
      }
```

```
      .info {
        font-size:20px;
        color:#666;
        line-height:20px;
      }
      .grey {
        background:#f0f0f0;
      }

      .tit {
        font-family: '宋体', Times, serif;
        color:#333;
        font-size:40px;
        line-height:40px;
      }

      .date {
        font-size:14px;
        color:#666;
      }
      .position {
        color:#666;
      }
      .bar {
        text-decoration: underline;
      }
      .education {
        color:#333;
        font-size:18px;
      }

  </style>
</head>
<body>
  <div class="nav">
    <a href="#info">基本信息</a>   
    <a href="#job">工作经历</a>   
    <a href="#edu">教育经历</a>   
    <a href="#lang">语言技能</a>   
    <a href="#reward">奖项&证书</a>
  </div>
  <div id="info">
    <br/><br/>
      <img src="ng.webp" alt="" width="150" height="200">
      <h3 class="username">西北玄天客</h3>
      <p class="info">年龄: 20</p>
      <p class="info">毕业院校: xxxx 大学</p>
      <p class="info">手机: 138xxxx0000</p>
      <p class="info">邮箱: 20xxxxx@xxx.com</p>
    <br/><br/>
  </div>
  <div class="grey" id="job">
    <br/><br/>
```

```html
      <h3 class="tit">工作经历</h3>
      <hr/><br/>

      <p class="date">2019-2022</p>
      <div>
        <span class="bar">xxxxx 公司</span>
      </div>
      <p class="position">前端开发工程师</p>
      <br/>

      <p class="date">2017-2019</p>
      <div>
        <span class="bar">xxxxxxxxxxxxxxxxxx 公司</span>
      </div>
      <p class="position">前端开发工程师</p>
      <br/>

      <p class="date">2015-2017</p>
      <div>
        <span class="bar">xxxxxxxxxxx 公司</span>
      </div>
      <p class="position">前端开发工程师</p>
      <br/>
    <br/>
</div>

<div id="edu">
   <br/><br/>
      <h3 class="tit">教育经历</h3>
      <hr/><br/>

      <p class="date">2017-2019</p>
      <p class="education">xxxxx 大学</p>
      <br/>

      <p class="date">2017-2019</p>
      <p class="education">xxxxx 中学</p>
      <br/>

      <p class="date">2017-2019</p>
      <p class="education">xxxxx 小学</p>
      <br/>
</div>

<div class="grey" id="lang">
   <br/><br/>
      <h3 class="tit">语言技能</h3>
      <hr/><br/>

      <p class="date">Web Technology</p>
      <p class="education">HTML/CSS/JAVASCRIPT/PHP</p>
      <br/>
```

```
        <p class="date">Database</p>
        <p class="education">MySQL/MongoDB/Oracle/Access</p>
        <br/>
    </div>

    <div id="reward">
      <br/><br/>
        <h3 class="tit">奖励&证书</h3>
        <hr/><br/>

        <p class="date">2017-04</p>
        <p class="education">烹饪王者荣誉证书</p>
        <br/>

        <p class="date">2017-05</p>
        <p class="education">跑步达人荣誉证书</p>
        <br/>

        <p class="date">2017-12</p>
        <p class="education">扫地小能手荣誉证书</p>
        <br/>
    </div>
  </body>
</html>
```

综上，一个简单的个人简历页面就做好了。

5.5 本章练习

1. 以下(   )是正确的类选择器。

   A. div   B. .abc   C. #abc   D. .123

2. CSS 设置(   )可以实现文本居中。

   A. text-align:left;   B. text-align:top;   C. text-align:right;   D. text-align:center;

3. CSS 设置(   )可以实现一个文本删除线。

   A. text-decoration:line-through;   B. text-decoration:none;

   C. text-decoration:underline;   D. text-decoration:overline;

4. CSS 设置(   )不能实现文字加粗。

   A. font-weight:700;   B. font-weight:bold;

   C. font-weight:bolder;   D. font-weight:lighter;

5. 以下文本颜色设置不正确的是(   )。

   A. color:red;   B. color:#cfgcfg;   C. color:#ffffff;   D. color:rgb(0,0,0);

第 6 章

个性化的CSS样式

CSS 中选择器用来指定网页上所需的样式化的 HTML 元素。CSS 选择器提供了很多种方法，所以在选择要样式化的元素时，可以做到很精细。本章承上启下，在上一章中所学基础上，将详细讲解其他选择器的不同使用方式，并了解它们的工作原理。同时也将讲解一些 CSS 布局样式，实现一些有趣的 CSS 特效。

本章学习目标

◎ 掌握 CSS 选择器的工作方式
◎ 掌握 CSS 组合选择器的类型以及用法
◎ 掌握 CSS 伪类选择器的用法
◎ 掌握 border、background 样式，实现有趣的 CSS 样式
◎ 掌握 margin、padding 样式，实现简单页面布局

6.1 CSS 层级选择器

CSS 选择器是 CSS 规则的第一部分。它将元素和其他部分组合起来，告诉浏览器哪个 HTML 元素应当是被选为应用规则中的 CSS 属性值的方式。上一章中，已经学习过几种基础的选择器，了解到选择器以不同的方式选择元素，给元素添加对应的样式；本节重点讲解 CSS 的层级选择器。CSS 层级选择器是根据 HTML DOM 树节点之间的关系提供的选择器用法。

6.1.1 子代选择器

子代关系选择器是个大于号 >，只会在选择器选中直接子元素的时候匹配。继承关系上更

远的后代则不会匹配。语法格式如下。

```
selector1 > selector2 {
 /* property declarations */
 }
```

下面的示例代码中，只会选中 div.wrap 元素中直接子元素的 p 元素，并为其设置字体颜色红色和字体加粗效果。

```
.wrap > p {
    color:red;
    font-weight: 700;
}
<div class="wrap">
    <h2>山居秋暝 <span>王维</span></h2>
    <p>空山新雨后，天气晚来秋。明月松间照，清泉石上流。</p>
    <p>竹喧归浣女，莲动下渔舟。随意春芳歇，王孙自可留。</p>
    <div class="info">
        <h2>译文：</h2>
        <p>空旷的群山沐浴了一场新雨，夜晚降临使人感到已是初秋。</p>
        <p>皎皎明月从松隙间洒下清光，清清泉水在山石上淙淙淌流。</p>
        <p>竹林喧响知是洗衣姑娘归来，莲叶轻摇想是上游荡下轻舟。</p>
        <p>春日的芳菲不妨任随它消歇，秋天的山中王孙自可以久留</p>
    </div>
</div>
</div>
```

浏览器中展示的效果如图 6-1 所示。

图 6-1　子代选择器

6.1.2　后代选择器

后代组合器通常用单个空格(" ")字符表示，组合两个选择器，如果第二个选择器匹配的元素被选择，意味着它们有一个祖先(父亲，父亲的父亲，父亲的父亲的父亲，等等)元素匹配第一个选择器。利用后代组合器的选择器称为后代选择器。语法格式如下。

```
selector1 selector2 {
  /* property declarations */
}
```

下面的示例代码中，会选中所有 div.container 元素下边的所有 p 元素，并为其设置字体间距、字体大小和下划线。

```
.title{
    color:red;
    font-weight: 900;
}
.container p{
    letter-spacing: 5px;
    font-size:18px;
text-decoration: underline;

}
<div class="container">
<h1>塞下曲</h1>
    <ul>
        <li>
            <p class="title">其一</p>
            <div>
                <p> 蝉鸣空桑林，八月萧关道。出塞入塞寒，处处黄芦草。</p>
                <p> 从来幽并客，皆共沙尘老。不学游侠儿，矜夸紫骝好。</p>
            </div>
        </li>
        <li>
            <p class="title">其二</p>
            <div>
                <p> 饮马渡秋水，水寒风似刀。平沙日未没，黯黯见临洮。</p>
                <p> 昔日长城战，咸言意气高。黄尘足今古，白骨乱蓬蒿。</p>
            </div>
        </li>
    </ul>
</div>
```

在浏览器中展示的效果如图 6-2 所示。

图 6-2　后代选择器

6.1.3　相邻兄弟选择器

相邻兄弟选择器 (+) 介于两个选择器之间，当第二个元素紧跟在第一个元素之后，并且两个元素都是属于同一个父元素的子元素，则第二个元素将被选中。

```
former_element + target_element {
```

```
style properties
 }
```

下面的示例代码中，会选中 h3 元素下边紧邻的兄弟 p 元素，设置字体为红色，而不会选中第二个兄弟 p 元素。

```
h3 + p {
    color:red;
}
<div class="wrapper">
    <ul>
        <li>
            <h3>山水田园诗派</h3>
            <p>代表人物：王维、孟浩然</p>
            <p>特点：题材多青山白云、幽人隐士；风格多恬静雅淡，富于阴柔之美；形式多五言古诗 、五绝、五
                律。</p>
        </li>
        <li>
            <h3>边塞诗派</h3>
            <p>代表人物：高适、岑参、王昌龄、李益、王之涣、李颀。</p>
            <p>特点：描写战争与战场，表现保家卫国的英勇精神，或描写雄浑壮美的边塞风光，奇异的风土人情，
                又或描写战争的残酷，军中的黑暗，征戍的艰辛，表达民族和睦的向往与情怀。</p>
        </li>
        <li>
            <h3>浪漫诗派</h3>
            <p>代表人物：李白。</p>
            <p>特点：以抒发个人情怀为中心，咏唱对自由人生个人价值的渴望与追求。诗词自由、奔放、顺畅、想
                象丰富、气势宏大。语言主张自然，反对雕琢。</p>
        </li>
    </ul>
</div>
```

在浏览器中展示的效果如图 6-3 所示。

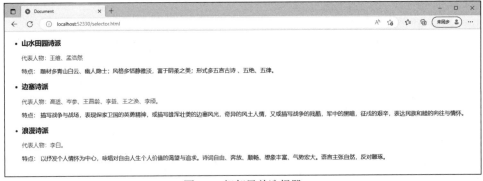

图 6-3　相邻兄弟选择器

6.1.4　通用兄弟选择器

如果要选中一个元素的兄弟元素，即使它们不直接相邻，只要是同层级，也可以使用通用兄弟关系选择器(~)，比如 A~B，表示选择 A 元素之后所有同层级 B 元素。语法格式如下。

```
former_element ~ target_element {
  style properties
}
```

下面的示例代码中，会选中 h3 元素所有同级的 p 元素，设置字体为红色并加粗展示。

```
h3 ~ p{
    color:red;
    font-weight: 900;
}
<div class="wrapper">
    <ul>
        <li>
            <h3>山水田园诗派</h3>
            <p>代表人物：王维、孟浩然</p>
            <div>特点：题材多青山白云、幽人隐士；风格多恬静雅淡，富于阴柔之美；形式多五言古诗 、五绝、
                五律。</div>
            <p>代表作：《山居秋暝》、西施咏》、《九月九日忆山东兄弟》、《过故人庄》等</p>
        </li>
        <li>
            <h3>边塞诗派</h3>
            <p>代表人物：高适、岑参、王昌龄、李益、王之涣、李颀。</p>
            <div>特点：描写战争与战场，表现保家卫国的英勇精神，或描写雄浑壮美的边塞风光，奇异的风土人
                情，又或描写战争的残酷，军中的黑暗，征戍的艰辛，表达民族和睦的向往与情怀。</div>
            <p>代表作：《燕歌行》、《别董大》、《蓟门行五首》、《塞上》、《塞下曲》等</p>
        </li>
        <li>
            <h3>浪漫诗派</h3>
            <p>代表人物：李白。</p>
            <div>特点：以抒发个人情怀为中心，咏唱对自由人生个人价值的渴望与追求。诗词自由、奔放、顺畅、
                想象丰富、气势宏大。语言主张自然，反对雕琢。</div>
            <p>代表作：《月下独酌》、《梦游天姥吟留别》、《蜀道难》等</p>
        </li>
    </ul>
</div>
```

在浏览器中展示的效果如图 6-4 所示。

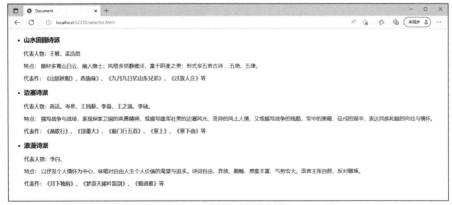

图 6-4　通用兄弟选择器

6.2 伪类选择器

CSS 伪类是添加到选择器的关键字，指定要选择的元素的特殊状态。例如：hover 可被用于在用户将鼠标指针悬停在按钮上时改变按钮的颜色。伪类选择器只依据元素的状态，而不是元素在文档树中的信息，来选择目标对象。举例来说，选择器 a:visited 仅应用于用户已经浏览过的那些链接。其中部分伪类选择器可以实现用户和浏览器之间的交互。

6.2.1 什么是伪类

伪类是选择器的一种，它用于选择处于特定状态的元素，比如当它们是这一类型的第一个元素时，或者是当鼠标指针悬浮在元素上的时候。它们表现得像是在文档的某个部分应用了一个类选择器，可以在标记文本中减少多余的类，让代码更灵活、更易于维护。

伪类就是开头为冒号的关键字 ":pseudo-class-name"。这一类选择器的数量众多，通常用于很明确的目的。所有的伪类以同样的方式实现。它们选中文档中处于某种状态的部分，表现得就像是已经向 HTML 加入了类。

6.2.2 简单伪类示例

下面是一个简单的示例。如果想让一篇文章中的第一段字体加粗红色显示，可以使用 ":first-child" 伪类选择器——这将选中文章中的第一个子元素，不再需要编辑 HTML。代码如下：

```
.container p:first-child {
    font-weight: 900;
    color:red;
}
<div class="container">
    <p>层叠样式表(英文全称：Cascading Style Sheets)是一种用来表现 HTML(标准通用标记语言的一个应用)
        或 XML(标准通用标记语言的一个子集)等文件样式的计算机语言。</p>
    <p>CSS 不仅可以静态地修饰网页，还可以配合各种脚本语言动态地对网页各元素进行格式化。</p>
    <p>CSS 能够对网页中元素位置的排版进行像素级精确控制，支持几乎所有的字体字号样式，拥有对网页对象和模
        型样式编辑的能力。</p>
</div>
```

在浏览器中展示的效果如图 6-5 所示。

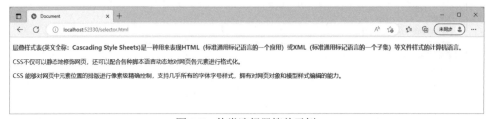

图 6-5 伪类选择器简单示例

6.2.3　常用伪类

由于这一类选择器的数量众多，下面只介绍一些常用的伪类选择器。

1. <a>标签相关伪类

(1) :hover　当用户悬浮到一个元素上的时候匹配。

(2) :active　在用户激活元素的时候匹配，例如点击。当用户点击<a>标签时，默认字体颜色为红色。

(3) :link　匹配未曾访问的链接，默认字体颜色为蓝色。

(4) :visited　匹配已访问链接，默认字体颜色为紫色。

下面代码展示<a>标签默认的伪类样式。激活的链接默认字体颜色是红色，需要用户把光标放到<a>标签上，长按鼠标右键不松开即可看到效果。

```
<!-- 未访问的链接 默认字体颜色蓝色 -->
<p>
    <a href="https://www.jd.com">纷吾既有此内美兮，又重之以脩能。</a>
</p>
<!-- 激活的链接 默认字体颜色为红色 -->
<p>
    <a href="https://www.baidu.com">扈江离与辟芷兮，纫秋兰以为佩。</a>
</p>
<!-- 已访问的链接 默认字体颜色紫色 -->
<p>
    <a href="https://baike.baidu.com">汩余若将不及兮，恐年岁之不吾与。</a>
</p>
```

在浏览器中展示的默认效果如图 6-6 所示。

图 6-6　<a>标签的默认样式

开发人员可以定制<a>标签在浏览器中展示的效果，其中涉及到的伪类有:link、:hover、:active和:visited。使用这四个链接伪类时的先后顺序被称为 LVHA，具体顺序是:link→:visited→:hover→:active。如果不按照这个顺序使用，则有些效果不能正常显示。示例代码如下。

```
.article a:link {
    color:pink;
}
.article a:visited{
    color:skyblue;
}
.article a:hover{
    color:orange;
```

```
    }
    .article a:active{
        color:lightgreen;
    }
    <div class="article">
        <p>
            <a href="https://www.jd.com">我是没有被访问过的链接</a>
        </p>
        <p>
            <a href="https://www.mi.com">我是鼠标停留时的效果</a>
        </p>
        <p>
            <a href="https://www.tmall.com">我是被激活的链接</a>
        </p>
        <p>
            <a href="https://www.baidu.com">我是被访问过的链接</a>
        </p>
    </div>
```

所有链接未被访问时的字体为粉色，鼠标指针停留在链接上时，字体为橘黄色，当用户点击激活链接时，字体为绿色，已经被访问过的链接字体是天蓝色。在浏览器中展示的效果如图 6-7 和图 6-8 所示。其中图 6-7 展示了:link 和:hover 的效果，图 6-8 展示了:active 和:visited 的效果。

图 6-7　a:link 和 a:hover 效果

图 6-8　a:active 和 a:visited 效果

2. 表单元素相关伪类

(1) :focus 匹配获取焦点的元素。

(2) :checked 匹配处于选中状态的单选按钮或者复选框。

(3) :disabled 匹配处于关闭状态的用户界面元素。

(4) :enabled　匹配处于开启状态的用户界面元素。

表单元素相关伪类示例代码如下。

```
.text:focus {
    color: red;
```

```
}
.checkbox:checked  + label{
    color:red;
    font-weight: 900;
    font-size:18px;
}
.radio:checked + label{
    color:red;
    font-weight: 900;
    font-size:18px;
}
button:disabled{
    color:red;
}
button:enabled{
    color:blue;
}
.message:disabled{
    font-size:12px;
}
.message:enabled{
    font-size:1 8px;
}
 <!-- :focus —— 当input 元素获取焦点时触发  -->
<p>
     <input type="text" class="text" value="日月忽其不淹兮" />
</p>
<!-- :checked —— 匹配处于选中状态的单选或者复选框-->
<p>
    <input type="checkbox" id="checkOne" class="checkbox" />
    <label for="checkOne">唐诗</label>

    <input type="checkbox" id="checkTwo" class="checkbox" />
    <label for="checkTwo">宋词</label>

    <input type="checkbox" id="checkThree" class="checkbox" />
    <label for="">元曲</label>

    <input type="checkbox" id="checkFour" class="checkbox" />
    <label for="checkFour">明清小说</label>
</p>
<p>
    <input type="radio" id="yes" class="radio">
    <label for="yes">Yes</label>

    <input type="radio" id="no" class="radio">
    <label for="no">No</label>
</p>
<!-- 禁用 :disabled 和启用 :enabled -->
<p>
```

```
    <button disabled>禁用的按钮</button>
    <button>启用的按钮</button>
</p>
<p>
    <input type="text" class="message" disabled placeholder="禁止输入内容">
    <input type="text" class="message"  placeholder="请输入内容">
</p>
```

在浏览器中展示的效果如图 6-9 所示。

图 6-9　表单元素伪类应用

3. 用户行为伪类

一些伪类只会在用户以某种方式和文档交互的时候应用。这些"用户行为伪类"，有时叫做"动态伪类"，表现得就像是类在用户和元素交互的时候加到了元素上一样。

前边介绍<a>标签相关伪类时，简单介绍了:hover 伪类，实际开发中:hover 伪类可以作用于任何元素上，而不只限于<a>标签。

先看:hover 伪类基本的用法，示例代码如下，当鼠标指针经过<h1>标签时，字体会变成红色；鼠标指针离开时，恢复默认黑色。

```
h1:hover{
    color:red;
}
<h1>日月忽其不淹兮，春与秋其代序</h1>
```

在浏览器中展示的效果如图 6-10 所示。

图 6-10　<h1>元素鼠标悬停效果

下面展示一个可全图预览的画廊。通过:hover 伪类可以实现当鼠标指针悬停在图片上时全图预览画廊的功能。示例代码如下。

```
.container{
    width: 222px;
    height: 222px;
    overflow: hidden;
}
```

```
.container:hover{
    width: 1600px;
}
<div class="container">
    <img src="image/big.jpg" alt="">
</div>
```

在浏览器中默认展示的效果如图 6-11 所示。

图 6-11　可全图预览的画廊 1

当鼠标指针悬停在画廊上时，可以查看完整的图片。在浏览器中展示的效果如图 6-12 所示。

图 6-12　可全图预览的画廊 2

4. 筛选查找伪类

(1) :first-child。CSS 伪类:first-child 匹配一组兄弟元素中的第一个元素。

(2) :last-child。CSS 伪类:last-child 匹配一组兄弟元素中的最后元素。

(3) :nth-child(an+b)。CSS 伪类:nth-child(an+b)首先找到所有当前元素的兄弟元素，然后按照位置先后顺序从 1 开始排序，选择的结果为 CSS 伪类:nth-child 括号中表达式(an+b)匹配到的元素集合(n=0，1，2，3...)，比如 2n+1 匹配元素 1、3、5、7 等，即所有的奇数。

a 和 b 都必须为整数，并且元素的第一个子元素的下标为 1。换言之就是，该伪类匹配所有下标在集合{ an + b; n = 0, 1, 2, ...}中的子元素。另外需要特别注意的是，an 必须写在 b 的前面，不能写成 b+an 的形式。

(4) :not()。CSS 伪类:not()用来匹配不符合选择器的元素。由于它的作用是防止特定的元素被选中，因此它也被称为反选伪类(negation pseudo-class)。:not()伪类可以将一个或多个以逗号分隔的选择器列表作为其参数。选择器中不得包含另一个否定选择器或伪元素。

筛选查找伪类选择器应用的示例代码如下。

```
.wrapper p:first-child{
    color:red;
    font-weight: 900;
    font-size:24px;
}
.wrapper .info:last-child{
```

```
        color:blue;
        font-weight: 700;
    }
    .wrapper p:nth-child(2n){
        color:orange;
    }
    .wrapper p:nth-child(3){
        color:green;
        font-weight: 700;
        text-decoration: wavy underline;
    }
    .wrapper p:not(.title){
        letter-spacing: 5px;
    }
<div class="wrapper">
    <p  class="title">月下独酌四首</p>
    <p>花间一壶酒，独酌无相亲。</p>
    <p>举杯邀明月，对影成三人。</p>
    <p>月既不解饮，影徒随我身。</p>
    <p>暂伴月将影，行乐须及春。</p>
    <p>我歌月徘徊，我舞影零乱。</p>
    <p>醒时同交欢，醉后各分散。</p>
    <p>永结无情游，相期邈云汉。</p>
    <div class="info">《月下独酌四首》是唐代诗人李白的组诗作品。这四首诗写诗人在月夜花下独酌、无人亲
        近的冷落情景。诗意表明，诗人心中愁闷，遂以月为友，对酒当歌，及时行乐。</p>
</div>
```

在浏览器中展示的效果如图 6-13 所示。

图 6-13　筛选查找伪类

6.3 伪元素选择器

伪元素是一个附加至选择器末的关键词，允许用户对被选择元素的特定部分修改样式。比如，:first-line 伪元素可改变段落首行文字的样式。这一类选择器的数量众多，通常用于很明确

的目的。一旦了解了如何使用它们，便可以通过使用合适的选择器完成想要的选择。

6.3.1　什么是伪元素

伪元素以类似伪类方式表现，不过表现得像给标记文本中加入全新的 HTML 元素一样，而不是在现有的元素上应用类。伪元素开头为双冒号::，语法格式如下。

```
::pseudo-element-name
```

注意，按照规范，应该使用双冒号(::)而不是单个冒号(:)，以便区分伪类和伪元素。但是，由于旧版本的 W3C 规范并未对此进行特别区分，因此目前绝大多数的浏览器为了保持后向兼容，都同时支持使用这两种方式来表示伪元素。所以可能会在代码或者示例中看到这两种方式。

6.3.2　简单的伪元素示例

下面是一个简单的示例。例如，要让一篇文章的每一段文本首字符突出显示，可以使用一个 HTML 的<span>元素包起来，然后结合元素选择器实现。但是如果段落很多，将耗费大量工作，:first-letter 伪元素选择器可以完美解决这个问题。它将始终选择每段文本的首字符，不再需要编辑 HTML。

```
.text p::first-letter{
    font-size:20px;
    color:red;
    font-weight: bolder;
}
<div class="text">
    <p>帝高阳之苗裔兮，朕皇考曰伯庸。</p>
    <p>摄提贞于孟陬兮，惟庚寅吾以降。</p>
    <p>皇览揆余初度兮，肇锡余以嘉名。</p>
    <p>名余曰正则兮，字余曰灵均。</p>
</div>
```

在浏览器中展示的效果如图 6-14 所示。

图 6-14　伪元素简单案例

6.3.3　常用伪元素

伪元素选择器允许对被选择元素的特定部分修改样式。下面介绍常用的一些伪元素。

1. 普通伪元素

(1) ::first-letter。匹配元素的第一个字母。

(2) ::first-line。匹配包含此伪元素的元素的第一行。

下面的案例中，为了展示效果，给 div.wrap 设置了 600px 的宽度。示例代码如下。

```
.wrap {
    Width:600px;
}

.wrap p::first-letter{
    font-size:20px;
    color:green;
    font-weight: 900;
}
.wrap p::first-line{
    color:red;
    text-decoration: underline;
}
<div class="wrap">
    <h2 class="title">月下独酌其二</h2>
    <p>
        天若不爱酒，酒星不在天。
        地若不爱酒，地应无酒泉。
        天地既爱酒，爱酒不愧天。
        已闻清比圣，复道浊如贤。
        贤圣既已饮，何必求神仙。
        三杯通大道，一斗合自然。
        但得酒中趣，勿为醒者传。
    </p>
    <p>
        译文:
        天如果不爱酒，酒星就不能罗列在天。
        地如果不爱酒，就不应该地名有酒泉。
        天地既然都喜爱酒，那我爱酒就无愧于天。
        我先是听说酒清比作圣，又听说酒浊比作贤。
        既然圣贤都饮酒，又何必再去求神仙?
        三杯酒可通儒家的大道，一斗酒正合道家的自然。
        我只管得到醉中的趣味，这趣味不能向醒者相传!
    </p>
</div>
```

首行文字红色显示，首字母字体放大且绿色显示。在浏览器中展示的效果如图 6-15 所示。

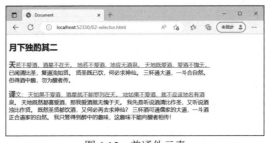

图 6-15　普通伪元素

2. 特别的伪元素

有一组特别的伪元素::after 和::before，它们和 content 属性一同使用，使用该伪元素将内容插入到文档中。

(1) ::after 伪元素。CSS 中::after 用来创建一个伪元素，作为已选中元素的最后一个子元素。通常会配合 content 属性来为该元素添加装饰内容。这个虚拟元素默认是行内元素。

(2) ::before 伪元素。CSS 中::before 创建一个伪元素，其将成为匹配选中的元素的第一个子元素。常通过 content 属性来为元素添加修饰性的内容。此元素默认为行内元素。

示例代码如下。

```
.article .title:after{
    content:'其一';
    color:red;
    font-weight: 900;
}
.article p:not(.title)::before{
    content:"♣";
    color:red;
}
<div class="article">
    <p class="title">月下独酌</p>
    <p>花间一壶酒，独酌无相亲。</p>
    <p>举杯邀明月，对影成三人。</p>
    <p>月既不解饮，影徒随我身。</p>
    <p>暂伴月将影，行乐须及春。</p>
    <p>我歌月徘徊，我舞影零乱。</p>
    <p>醒时同交欢，醉后各分散。</p>
    <p>永结无情游，相期邈云汉。</p>
</div>
```

在浏览器中展示的效果如图 6-16 所示。

图 6-16 特别的伪元素

6.4 CSS 边框

CSS 的 border 属性用于设置各种边框的属性，如边框的宽度、样式、颜色等。border 属性包含 border-width、border-style、border-color。在实际开发中，边框的应用非常广泛。

6.4.1　边框样式

border-style 属性用来定义边框的样式，其实就是指定要显示什么样的边框。它是 CSS 简写属性，用来设定元素所有边框的样式。比如实线、虚线等。border-style 的取值如表 6-1 所示。

表 6-1　border-style 取值

值	描述
none	和关键字 hidden 类似，不显示边框。在这种情况下，如果没有设定背景图片，border-width 计算后的值将是 0，即使先前已经指定过它的值。在单元格边框重叠情况下，none 值的优先级最低，意味着如果存在其他的重叠边框，则会显示为那个边框
hidden	和关键字 none 类似，不显示边框。在这种情况下，如果没有设定背景图片，border-width 计算后的值将是　0(即使先前已经指定过它的值)。在单元格边框重叠情况下，hidden 值优先级最高，意味着如果存在其他的重叠边框，边框不会显示
dotted	显示为一系列圆点。标准中没有定义两点之间的间隔大小，视不同实现而定。圆点半径是 border-width 计算值的一半
dashed	显示为一系列短的方形虚线。标准中没有定义线段的长度和大小，视不同实现而定
solid	显示为一条实线
double	显示为一条双实线，宽度是 border-width。在浏览器中需要满足 border-width 大于等于 3px 才能显示
groove	显示为有雕刻效果的边框，样式与 ridge 相反
ridge	显示为有浮雕效果的边框，样式与 groove 相反
inset	显示为有陷入效果的边框，样式与 outset 相反。当它指定到 border-collapse 为 collapsed 的单元格时，会显示为 groove 的样式
outset	显示为有突出效果的边框，样式与 inset 相反。当它指定到 border-collapse 为 collapsed 的单元格时，会显示为 ridge 的样式

下面的示例代码展示的是常用的 border-style 属性值。

```css
.none{
    border-style: none;
}
.solid{
    border-style: solid;
}
.dashed{
    border-style: dashed;
}
.dotted{
    border-style:dotted;
}
.double{
```

```
    border-style: double;
}
<div class="none">山居秋暝　王维</div>
<div class="solid"> 空山新雨后，天气晚来秋。</div>
<div class="dashed">明月松间照，清泉石上流。</div>
<div class="dotted">竹喧归浣女，莲动下渔舟。</div>
<div class="double">随意春芳歇，王孙自可留。</div>
```

在浏览器中展示的效果如图 6-17 所示。

图 6-17　border-style 常用属性值

下面的示例代码是通过表格展示 border-style 所有属性取值。

```
table{
    background-color:  #52E396;
}
tr, td{
    padding:5px;
}
.none {
    border-style: none;
}
.hidden{
    border-style: hidden;
}
.solid {
    border-style: solid;
}
.dashed {
    border-style: dashed;
}
.dotted {
    border-style: dotted;
}
.double {
    border-style: double;
}
.groove{
    border-style: groove;
```

```
    }
    .ridge{
        border-style: ridge;
    }
    .inset{
        border-style: inset;
    }
    .outset{
        border-style: outset;
    }

<table>
    <caption>白雪歌送武判官归京</caption>
    <tr>
        <td class="none">唐诗诗人</td>
        <td class="hidde">岑参</td>
    </tr>
    <tr>
        <td class="solid">北风卷地白草折，胡天八月即飞雪</td>
        <td class="dashed">忽如一夜春风来，千树万树梨花开。</td>
        <td class="dotted">散入珠帘湿罗幕，狐裘不暖锦衾薄。</td>
    </tr>
    <tr>
        <td class="double">将军角弓不得控，都护铁衣冷难着。</td>
        <td class="groove">瀚海阑干百丈冰，愁云惨淡万里凝。</td>
        <td class="ridge">中军置酒饮归客，胡琴琵琶与羌笛。</td>
    </tr>
    <tr>
        <td>纷纷暮雪下辕门，风掣红旗冻不翻。</td>
        <td class="inset">轮台东门送君去，去时雪满天山路。</td>
        <td class="outset">山回路转不见君，雪上空留马行处。</td>
    </tr>
    <tr>
        <td colspan="3" >此诗描写西域八月飞雪的壮丽景色，抒写塞外送别、雪中送客之情，表现离愁和乡思，
            却充满奇思异想，并不令人感到伤感。其中"忽如一夜春风来，千树万树梨花开"等诗
            句已成为千古传诵的名句。</td>
    </tr>
</table>
```

在浏览器中展示的效果如图 6-18 所示。

图 6-18   border-style 的全部属性值

6.4.2　边框宽度

CSS 的 border-width 属性设置边框宽度，它是一个综合属性，包含 top、left、right、bottom 四个方向的边。取值不同，选择不同方向的边框。

为边框指定宽度有两种方法：一是使用长度单位，二是使用关键字 thick(宽边线)、medium(默认值，中等边线)和 thin(细边线)；规范并没有规定关键字的实际值，故在不同浏览器中效果是不一样的，但显然 thin≤medium≤thick，并且值在单个文档中是恒定的。

下面的示例代码展示了 border-width 的具体用法。

```
/* 当给定一个宽度时，该宽度作用于选定元素的所有边框 */
.solid {
    border-style: solid;
    border-width:5px;
}
/* 当给定两个宽度时，该宽度分别依次作用于选定元素的横边与纵边   */
.dashed {
    border-style: dashed;
    border-width:5px 10px;
}
/* 当给定三个宽度时，该宽度分别依次作用于选定元素的上横边、纵边、下横边   */
.dotted {
    border-style: dotted;
    border-width:3px 6px 10px;
}
/* 当给定四个宽度时，该宽度分别依次作用于选定元素的上横边、右纵边、下横边、左纵边；即按顺时针依次作用*/
.double {
    border-style: double;
    border-width:3px 5px 8px 11px;
}
```

在浏览器中展示的效果如图 6-19 所示。

图 6-19　border-width 属性

6.4.3　边框颜色

CSS 属性 border-color 用于设置元素四个边框的颜色，颜色的具体取值方式请参考第五章文本颜色 color 属性的内容。border-color 是一个综合属性，包含四个方向的边框颜色，根据取值不同，选择不同方向的边框。具体作用规则和 border-width 相同。

下面的示例代码展示边框颜色的具体用法。

```
.solid {
    border-style: solid;
    border-color:red;
}
.dashed {
    border-style: dashed;
    border-color:red darkturquoise;
}
.dotted {
    border-style: dotted;
    border-color:red orange darkturquoise ;
}
.double {
    border-style: double;
    border-color:red orange darkturquoise blue;
}
```

在浏览器中展示的效果如图 6-20 所示。

图 6-20　border-color 属性

6.4.4　边框综合属性

上面三个小节分别介绍了 border-width、border-style、border-color 属性，涉及的案例用到很多属性来设置边框，大家对边框有了初步认识。在实际开发中，也可以在一个属性中设置边框的所有样式，也就是边框综合属性 border。与 border-width、border-style 和 border-color 简写属性不同，它们接受最多 4 个参数来为不同的边设置宽度、风格和颜色，但 border 属性只接受 3 个参数，分别是宽度、风格和颜色，所以这样会使得 4 条边的边框相同。和所有的简写属性一样，如果有缺省值会被设置成对应属性的初始值。

下面的示例代码展示了边框综合属性的具体用法。

```
.none{
border:none;
}
.solid {
    border: 1px solid red;
}
.dashed {
```

```
    border:3px dashed lightgreen;
}
.dotted {
    border: 8px dotted blue;
}
.double {
    border: 10px double orange;
}
```

在浏览器中展示的效果如图 6-21 所示。

图 6-21　border 综合属性

在 CSS 中，可以为不同的侧面指定不同的边框样式，方法是通过设置 border-top、border-left、border-right、border-bottom 实现。它们的取值和 border 一样，具体用法也和 border 类似，每个方向都可以拆分为 border-style、border-width、border-color 三个属性，比如 border-top-style、border-top-width、border-top-color。

下面的示例代码展示单独设置各边的效果。

```
.wrap {
    width: 500px;
    height: 60px;
    line-height: 60px;
    text-align: center;
    border-top:1px solid red;
    border-right:3px dashed blue;
    border-bottom:5px dotted #52E396;
    border-left:8px double orange;
}
<h1 class="wrap">忽如一夜春风来，千树万树梨花开</h1>
```

在浏览器中展示的效果如图 6-22 所示。

图 6-22　单独设置各边

6.4.5 圆角属性

CSS 属性 border-radius 允许设置元素的外边框圆角。当使用一个半径时确定一个圆形，当使用两个半径时确定一个椭圆。这个(椭)圆与边框的交集形成圆角效果。该属性是一个简写属性，是为了将 border-top-left-radius、border-top-right-radius、border-bottom-right- radius 和 border-bottom-left-radius 这四个属性简写为一个属性。

border-radius 取值有两种方式：

(1) 长度单位：定义圆形半径或椭圆的半长轴、半短轴。负值无效。比如：

```
border-radius:20px;
```

(2) 百分比%：使用百分数定义圆形半径或椭圆的半长轴、半短轴。水平半轴相对于盒模型的宽度；垂直半轴相对于盒模型的高度。负值无效。比如：

```
border-radius:50%;
```

下面的示例代码展示 border-radius 属性的具体用法。

```
.border-radius{
    width: 300px;
    height: 40px;
    line-height: 40px;
    text-align: center;
    margin-bottom:10px;
}
/* 当给定一个值时，作用于选定元素的四个角  */
.circle1{
    border:3px solid #f00;
    border-radius: 20px;
}
/* 当给定两个值时，分别依次作用于选定元素的左上角和右下角、右上角和左下角  */

.circle2{
    border:3px dotted #ff6700;
    border-radius: 10px  30px;
}
/* 当给定三个值时，分别依次作用于选定元素的左上角、右上角和左下角、右下角  */
.circle3{
    border:3px dashed #52E396;
    border-radius: 30px  5px  10px;
}
/* 当给定四个值时，分别依次作用于选定元素的左上角、右上角、右下角、左下角 (按顺时针的方向依次作用)  */
.circle4{
    border:3px double #5274e3;
    border-radius: 0 10px 20px 30px;
}
/* 取值为百分比  */
.circle5{
    border:3px solid lightcoral;
    border-radius: 50%;
```

```
}
<div class="border-radius circle1">汉皇重色思倾国，御宇多年求不得</div>
<div class="border-radius circle2">杨家有女初长成，养在深闺人未识。</div>
<div class="border-radius circle3">天生丽质难自弃，一朝选在君王侧。</div>
<div class="border-radius circle4">回眸一笑百媚生，六宫粉黛无颜色。</div>
<div class="border-radius circle5">春寒赐浴华清池，温泉水滑洗凝脂。</div>
```

在浏览器中展示的效果如何 6-23 所示。

图 6-23　border-radius 属性

如果元素的 width 和 height 取值一样，则设置 border-radius:50%;或者 border-radius 的取值和宽度一样，都可以得到一个圆边框。示例代码如下。

```
.circle{
    width:100px;
    height: 100px;
    line-height: 100px;
    text-align: center;
    border:10px solid red;

}
.per{
border-radius: 50%;
}
.len{
  border-radius: 100px;
}
<div class="circle per">云和数据</div>
<div class="circle len">云和数据</div>
```

在浏览器中展示的效果如图 6-24 所示。

图 6-24　border-radius 实现圆环

6.4.6　边框阴影

　　CSS 的 box-shadow 属性用于在元素的框架上添加阴影效果。可以在同一个元素上设置多个阴影效果，并用逗号将它们分隔开。该属性可设置的值包括阴影的 X 轴偏移量、Y 轴偏移量、模糊半径、扩散半径和颜色。

　　box-shadow 几乎可以给任何元素添加阴影效果。如果同时为元素设置了 border-radius 属性，那么阴影也会有圆角效果。当设置多个阴影时，阴影绘制由最后一个开始，故第一个设置的阴影将覆盖在后设置的阴影之上。

　　box-shadow 取值如表 6-2 所示。

表 6-2　box-shadow 的取值

值	描述
inset	如果没有指定 inset，默认阴影在边框外，即阴影向外扩散。使用 inset 关键字会使得阴影落在盒子内部，这样看起来就像是内容被压低了。此时阴影会在边框之内 (即使是透明边框)、背景之上、内容之下
\<offset-x\>、\<offset-y\>	用来设置阴影偏移量。x 及 y 是按照数学二维坐标系来计算的，只不过 y 垂直方向向下。\<offset-x\> 设置水平偏移量，正值阴影则位于元素右边，负值阴影则位于元素左边；\<offset-y\> 设置垂直偏移量，正值阴影则位于元素下方，负值阴影则位于元素上方。如果两者都是 0，那么阴影位于元素后面
\<blur-radius\>	这是第三个 \<length\> 值。值越大，模糊面积越大，阴影就越大越淡。不能为负值。默认为 0，此时阴影边缘锐利
\<spread-radius\>	这是第四个 \<length\> 值。取正值时，阴影扩大；取负值时，阴影收缩。默认为 0，此时阴影与元素同样大
\<color\>	阴影的颜色，如果没有指定，则由浏览器决定

1. 单阴影

　　在实际应用开发中，单阴影应用相对广泛，尤其在用户和浏览器的交互效果中。下面示例代码展示单阴影的具体用法。

```
.boxshadow{
    width: 300px;
    height: 40px;
    text-align: center;
    line-height: 40px;
}
.boxshadow1{
    box-shadow: 0 0 10px 5px red;
}
.boxshadow2{
    box-shadow: 5px 5px 5px 5px orange;
}
.boxshadow3{
    box-shadow: -3px -3px 3px 3px green;
```

```
}
.boxshadow4{
    border-radius: 20px;
    box-shadow: 3px -3px 5px 5px purple;
}

<div class="boxshadow boxshadow1">后宫佳丽三千人，三千宠爱在一身。</div>
<div class="boxshadow boxshadow2">忽闻海上有仙山，山在虚无缥缈间。</div>
<div class="boxshadow boxshadow3">七月七日长生殿，夜半无人私语时。</div>
<div class="boxshadow boxshadow4">在天愿做比翼鸟，在地愿为连理枝。</div>
```

在浏览器中展示的效果如图 6-25 所示。

图 6-25　单阴影效果

2. 多阴影

当想要实现一些酷炫的边框特效时，可以使用多阴影。对同一个元素添加多个阴影效果，要使用逗号将每个阴影规则分隔开。下面的示例代码展示多阴影的具体用法。

```
.more-shadow{
box-shadow: inset 0 0 0px 3px #f00,
            0 0 0px 5px #ffbb00,
            0 0 3px 9px #029c0f;
}

<div class="more-shadow">在天愿作比翼鸟，在地愿为连理枝。</div>
```

在浏览器中展示的效果如图 6-26 所示。

图 6-26　多阴影效果

6.5 CSS 背景

background 是 CSS 简写属性，用于一次性集中定义各种背景属性，包括 color、image、postition、size 和 repeat 等。在实际开发中，背景图像应用非常广泛，尤其是 sprite(精灵)图的应用，可以提高网页性能，减少 http 请求次数。本节将详细讲解 background 相关的属性和应用。

6.5.1 背景颜色

CSS 的 background-color 会设置元素的背景颜色，属性的值为颜色值或关键字"transparent"二者选一。在 CSS 中，transparent 是一种颜色，代表透明色。示例代码如下。

```
.bgcolor{
    width: 300px;
    height: 40px;
    line-height: 40px;
    background-color: #0ec4c4;
    color:#fff;
    text-align: center;
}
<div class="bgcolor">在天愿作比翼鸟，在地愿为连理枝。</div>
```

在浏览器中展示的效果如图 6-27 所示。

图 6-27　背景色 background-color 的效果图

6.5.2 背景图像

CSS 的 background-image 属性用于为元素设置一个或者多个背景图像，设置多个背景图像时，图像之间使用逗号进行分割，因多背景图像需结合其他属性一起使用，因此稍后再统一介绍。

语法格式：

```
background-image:url();
```

url()表示引入的图片路径，可以是相对路径，也可以是绝对路径，比如 background-image: url('./image/bg1.jpg');。

单背景图像的展示效果和使用<img>标签引入图片效果相似，不同点在于以下两点：

(1) 背景图片展示的效果默认是图片平铺填满整个容器，图片可能显示不完整，而<img>标签只显示一张完整的图片。

(2) 背景图片可以结合其他背景属性对其进行更为精细的设置，比如 background-position、

background-size、background-clip 等，以满足实际开发需求，而<img>标签只能通过 CSS 样式设置。

背景图片基础用法示例代码如下。

```
.background-image {
    width: 220px;
    height: 120px;
    border: 1px solid red;
    background-image: url('./image/moon.png');
}
<div class="background-image"></div>
```

在浏览器中展示的效果如图 6-28 所示。

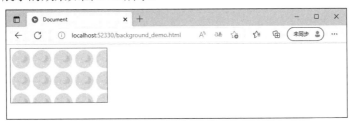

图 6-28　背景图像

6.5.3　背景图像重复

CSS 的 background-repeat 属性定义背景图像的重复方式。背景图像可以沿着水平轴、垂直轴、两个轴重复，或者根本不重复。默认情况下，重复的图像被剪裁为元素的大小，但它们可以缩放（使用 round）或者均匀地分布（使用 space）。background-repeat 属性取值如表 6-3 所示。

表 6-3　background-repeat 的取值

值	描述
repeat-x	只有水平位置会重复背景图像
repeat-y	只有垂直位置会重复背景图像
repeat	图像会按需重复来覆盖整个背景图片所在的区域。最后一个图像会被裁剪，如果它的大小不合适的话
space	图像会尽可能被重复，但是不会裁剪。第一个和最后一个图像会被固定在元素(element)相应的边上，同时空白会均匀地分布在图像之间。background-position 属性会被忽视，除非只有一个图像能被无裁剪地显示。只在一种情况下裁剪会发生，那就是图像太大了以至于没有足够的空间来完整显示一个图像
round	随着允许的空间在尺寸上的增长，被重复的图像将会伸展（没有空隙），直到有足够的空间来添加一个图像。当下一个图像被添加后，所有的当前图像会被压缩来腾出空间
no-repeat	图像不会被重复（因为背景图像所在的区域将可能没有完全被覆盖），那个没有被重复的背景图像的位置由 background-position 属性决定

下面的示例代码中，详细展示了 background-repeat 属性的具体用法。

```
.background-image {
```

```
        width: 220px;
        height: 120px;
        border: 1px solid red;
        background-image: url('./image/moon.png');
    }
    .repeat-x {
        background-repeat: repeat-x;
    }
    .repeat-y {
        background-repeat: repeat-y;
    }
    .repeat {
        background-repeat: repeat;
    }
    .no-repeat {
        background-repeat: no-repeat;
    }
    .space {
        background-repeat: space;
    }
    .round {
        background-repeat: round;
    }

<div class="background-image repeat-x"></div>
<div class="background-image repeat-y"></div>
<div class="background-image repeat"></div>
<div class="background-image no-repeat"></div>
<div class="background-image space"></div>
<div class="background-image round"></div>
```

在浏览器中展示的效果如图 6-29 所示。

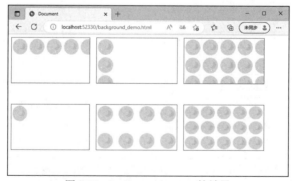

图 6-29　background-repeat 的效果

6.5.4　背景图像定位

CSS 的 background-position 属性为每一个背景图像设置初始位置。这个位置是相对于由 background-origin 定义的图层的位置。background-position 属性可以使用一个或多个值，多个值是针对多背景图像设置位置，使用逗号进行分割。

background-postition 是一个综合属性，包含 background-postition-X 和 background-postition-Y，可以单独设置 x 轴或 y 轴的位置。一个 <position>定义一组 x/y 坐标(相对于一个元素盒子模型的边界)来放置图像。如果仅指定一个值，则第二个值默认是 center。

background-position 属性取值方式如下：

(1) 一个值：

① 关键字 center，用来居中背景图片。

② 关键字 top、left、bottom、right 中的一个。用来指定把这个图像放在哪一个边界。另一个维度被设置成 50%，所以这个图片被放在指定边界的中间位置。

③ 长度单位或百分比。指定相对于左边界的 x 坐标，y 坐标被设置成 50%。

(2) 两个值：一个定义 x 坐标，另一个定义 y 坐标。

① 关键字 top、left、bottom、right、center 中的一个，其中 left、right、center 定义 x 轴位置，top、bottom、center 定义 y 轴位置。

② 长度单位或百分比值，则第一个定义 x 轴位置，第二个定义 y 轴位置。

下面的示例代码详细介绍了 bakground-position 的具体用法。

```css
.background-position{
    width: 220px;
    height: 120px;
    border: 1px solid red;
    background-image: url('./image/moon.png');
    background-repeat: no-repeat;
}
/* 默认坐标 */
.normal{
    background-position: 0 0;
}
/* 关键字定位坐标 */
.left{
    background-position: left;
}
.top{
    background-position: top;
}
.right{
    background-position: right;
}
.bottom{
    background-position: bottom;
}
.center{
    background-position: center;
}
.keywords{
    background-position: left bottom;
}
/* 长度定位坐标 */
```

```
.length{
    background-position: 160px 60px;
}
/* 百分比定位坐标 */
.percentage{
    background-position: 100% 0;
}

<div class="background-position normal"></div>
<div class="background-position left"></div>
<div class="background-position top"></div>
<div class="background-position right"></div>
<div class="background-position bottom"></div>
<div class="background-position center"></div>
<div class="background-position keywords"></div>
<div class="background-position length"></div>
<div class="background-position percentage"></div>
```

在浏览器中展示的效果如图 6-30 所示。

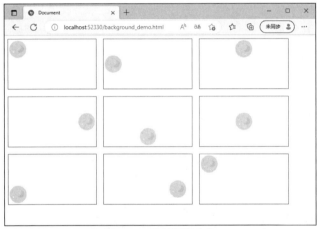

图 6-30　背景图像定位

background-position 可以同时设置背景图像在 x 轴和 y 轴的位置，它是一个综合属性，包含 background-position-x 和 background-position-y 两个属性，可以针对 x 轴或 y 轴单独设置。示例代码如下。

```
.positionX{
    background-position-x: 50px;
}
.positionY{
    background-position-y: bottom;
}

<div class="background-position positionX"></div>
<div class="background-position positionY"></div>
```

在浏览器中展示的效果如图 6-31 所示。

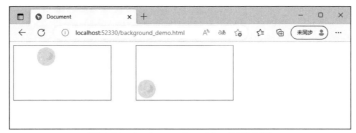

图 6-31　background-position 拆分属性

6.5.5　背景图像尺寸

background-size 设置背景图像大小。图像可以保有其原有的尺寸，或者拉伸到新的尺寸，或者在保持其原有比例的同时缩放到元素的可用空间的尺寸。background-size 的取值如表 6-4 所示。

表 6-4　background-size 取值

值	描述
length	设置背景图像的高度和宽度。第一个值设置宽度，第二个值设置高度。如果只给出一个值，则将第二项设置为 auto(自动)
percentage	将计算相对于背景定位区域的百分比。第一个值设置宽度，第二个值设置高度，各个值之间以空格 隔开指定高和宽，以逗号 "," 隔开指定多重背景。如果只给出一个值，则将第二项设置为 auto(自动)
cover	缩放背景图片以完全覆盖背景区，可能背景图片部分看不见。和 contain 值相反，cover 值尽可能大的缩放背景图像并保持图像的宽高比例(图像不会被压扁)。该背景图以它的全部宽或者高覆盖所在容器。当容器和背景图大小不同时，背景图的左/右或者上/下部分会被裁剪
contain	缩放背景图片以完全装入背景区，可能背景区部分空白。contain 尽可能缩放背景并保持图像的宽高比例(图像不会被压缩)。该背景图会填充所在的容器。当背景图和容器的大小不同时，容器的空白区域(上/下或者左/右)会显示由 background-color 设置的背景颜色

示例代码如下。

```css
.size{
    background-size: 100px 100px;
}
.cover{
    background-size: cover;
}
.contain{
    background-size: contain;
}
.percentage{
    background-size: 100% 50%;
}

<div class="background-size normal"></div>
```

```
<div class="background-size size"></div>
<div class="background-size cover"></div>
<div class="background-size contain"></div>
<div class="background-size percentage"></div>
```

第一个是背景图片默认展示效果，后续依次为使用 length、关键字和百分比展示的效果。在浏览器中展示的效果如图 6-32 所示。

图 6-32　background-size 属性

6.5.6　背景图像固定

CSS 的 background-attachment 属性决定背景图片的位置是在视口内固定，还是随着包含它的区块滚动。背景图片默认是跟随包含它的区块一起滚动的。

取值如表 6-5 所示。

表 6-5　background-attachment 取值

值	描述
fixed	此关键属性值表示背景相对于视口固定。即使一个元素拥有滚动机制，背景也不会随着元素的内容滚动
local	此关键属性值表示背景相对于元素的内容固定。如果一个元素拥有滚动机制，背景将会随着元素的内容滚动，并且背景的绘制区域和定位区域是相对于可滚动的区域而不是包含它们的边框
scroll	此关键属性值表示背景相对于元素本身固定，而不是随着它的内容滚动(对元素边框是有效的)

示例代码如下。

```
.container{
    width: 380px;
    height: 150px;
    overflow: auto;
    border:1px solid #000;
    margin-left:10px;
}

.bgImage{
    width: 350px;
    height: 300px;
    overflow-y: scroll;
    background-image: url('./image/books.png');
    color: 2d0a81;
    font-size: 20px;
    font-weight: 900;
```

```
        background-repeat: repeat-x;
}
.scroll{
        background-attachment: scroll;
}
.fixed{
        background-attachment: fixed;
}
.local{
        background-attachment: local;
}
<div class="container">
    <!-- 依次更换类名 scroll fixed local-->
    <div class="bgImage scroll ">
        <div class="text">
            <p>帝高阳之苗裔兮，朕皇考曰伯庸。</p>
            <p>摄提贞于孟陬兮，惟庚寅吾以降。</p>
            <p>皇览揆余初度兮，肇锡余以嘉名。</p>
            <p>名余曰正则兮，字余曰灵均。</p>
            <p>纷吾既有此内美兮，又重之以脩能。</p>
            <p>扈江离与辟芷兮，纫秋兰以为佩。</p>
            <p>汩余若将不及兮，恐年岁之不吾与。</p>
            <p>朝搴阰之木兰兮，夕揽洲之宿莽。</p>
            <p>日月忽其不淹兮，春与秋其代序。</p>
        </div>
    </div>
</div>
```

在浏览器中默认展示的效果如图 6-33 所示。图中第一个效果代表 scroll，第二个效果代表 fixed，第三个效果代表 local。

图 6-33　background-attachment 页面初始效果

然后自由调整容器的两个滚动条查看图片的变化规律，展示效果图是依次把三个展示容器的两个滚动条统一滚动到最底部，如图 6-34 所示。

图 6-34　background-attachment 展示效果

6.5.7 背景裁剪

background-clip 设置元素的背景(背景图片或颜色)是否延伸到边框、内边距盒子、内容盒子下面。取值如表 6-6 所示。

表 6-6　background-clip 取值

值	描述
border-box	背景延伸至边框外沿(但是在边框下层)
padding-box	背景延伸至内边距(padding)外沿，不会绘制到边框处
content-box	背景被裁剪至内容区(content box)外沿
text	背景被裁剪成文字的前景色(存在兼容性问题，仅部分浏览器支持)

示例代码如下。

```
.bgImage{
    width: 300px;
    height: 36px;
    line-height: 36px;
    text-align: center;
    color:#fff;
    font-size: 18px;
    font-weight: 900;
    padding:20px;
    border-top:15px dotted orange;
    border-bottom:15px dotted orange;
    border-left: 15px double blue;
    border-right: 15px double blue;
    background-color: rgb(51, 163, 150);
}
.border-box{
    background-clip: border-box;
}
.padding-box{
    background-clip: padding-box;
}
.content-box{
    background-clip: content-box;
}
.text{
    background-clip:text;
    -webkit-background-clip: text;
    color: rgba(0,0,0,.2);
}
<div class="bgImage border-box">在天愿作比翼鸟，在地愿为连理枝。</div>
<div class="bgImage padding-box">在天愿作比翼鸟，在地愿为连理枝。</div>
<div class="bgImage content-box">在天愿作比翼鸟，在地愿为连理枝。</div>
<div class="bgImage text">在天愿作比翼鸟，在地愿为连理枝。</div>
```

浏览器中展示的效果如图 6-35 所示。

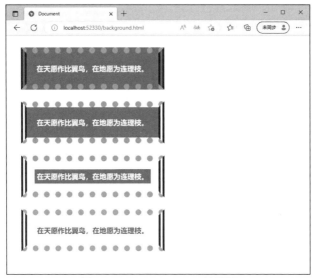

图 6-35　background-clip 效果图

6.5.8　背景综合属性

背景综合属性可以在一个声明中设置所有的背景属性。各值之间用空格分隔，不分先后顺序。在背景综合属性 background 中设置背景图片尺寸 background-size，需要跟随在 background-positions 属性后并以/分割。下面示例代码展示 background 综合属性的具体用法。

```
.background{
    width: 200px;
    height: 200px;
    background: lightgreen url('./image/sunny.jpg') repeat  center center/48px 48px;
}
<div class="background"></div>
```

在浏览器中展示的效果如图 6-36 所示。

图 6-36　background 综合属性效果图

6.5.9　多背景图像

在绘制多背景图像时，图像以 z 方向堆叠的方式进行。先指定的图像会在之后指定的图像上面绘制。因此指定的第一个图像"最接近用户"。设置多背景图像时，每个背景图像设置的属性需要保持完整性，使用逗号分割。示例代码如下。

```
.multi-image{

/* image repeat pisition, image repeat position/size*/

width: 300px;
height: 300px;
background: url('./image/sunny.png') repeat-x center/48px 48px,
           url('./image/sunny.png') repeat-y center center/48px 48px,
           url('./image/book.png') no-repeat center center;

}
<div class="multi-image"> </div>
```

在浏览器中展示的效果如图 6-37 所示。

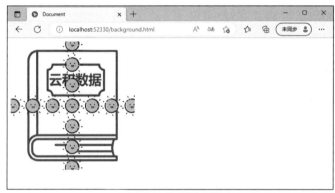

图 6-37　多背景图像

6.6　CSS 外边距

俗话说，"距离产生美"，一个网站除了本身的主题色彩搭配协调以外，元素模块之间的距离也能为网站增添几分姿色，这得益于 margin 属性，该属性可以为元素设置外边距。

6.6.1　外边距简写属性

margin 属性为给定元素设置所有四个(上下左右)方向的外边距属性，也就是 margin-top、margin-right、margin-bottom 和 margin-left 四个外边距属性。

margin 属性接受 1~4 个值。每个值可以是长度单位、百分比(%)或 auto。取值为负时元素会比原来更接近临近元素。

(1) 当只指定一个值时，该值会统一应用到全部四个边的外边距上。

(2) 指定两个值时，第一个值会应用于上边和下边的外边距，第二个值应用于左边和右边。

(3) 指定三个值时，第一个值应用于上边，第二个值应用于右边和左边，第三个则应用于下边的外边距。

(4) 指定四个值时，依次(顺时针方向)作为上边、右边、下边和左边的外边距。

下面的示例代码展示 margin 的基本用法。

```
.wrap{
    width: 300px;
    border:1px solid red;
}
<div class="wrap text1">在天愿作比翼鸟，在地愿为连理枝。</div>
<div class="wrap text2">天长地久有时尽，此恨绵绵无绝期。</div>
```

在浏览器中默认展示的效果如图 6-38 所示，两个 div 元素的边框是紧挨着的。

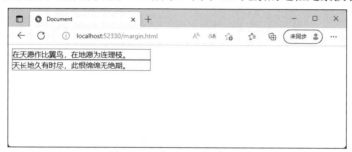

图 6-38　无 margin 的效果图

然后找到第一个 div 元素，给它单独设置 margin 属性，在浏览器中展示的效果如图 6-39 所示。

```
.text1{
    margin:30px 50px;
}
```

在浏览器中展示的效果如图 6-39 所示。

图 6-39　margin 综合属性应用图

图 6-39 展示的效果是 margin 指定两个值的用法，也可以修改案例中的 margin，如依次设置一个值、三个值、四个值查看效果。

6.6.2　单边外边距

我们也可以通过 margin-top(设置元素上外边距)、margin-bottom(设置元素下外边距)、margin-left(设置元素左外边距)、margin-right(设置元素右外边距)单独设置元素四个方向的外边距。单外边距的设置效果和为 margin 指定四个值的效果相同。

比如，针对上一个案例，要实现同样的效果，可以使用如下代码。

```
.text1{
margin-top:30px;
margin-bottom:30px;
margin-left:50px;
margin-righ:50px;
}
```

实际开发中，根据需求，可以单独设置元素某个方向上的 margin，如下代码所示。

```
.text1{
    margin-top:100px;
}
.text2{
    margin-left:200px;
    margin-top:20px;
}
```

在浏览器中展示的效果如图 6-40 所示。

图 6-40　对各方向单独设置 margin 的效果图

6.6.3　margin 的应用

1. 元素居中

如果想让一个有固定宽度且宽度不为 100%的块元素在水平方向上居中显示，则可以使用 margin:0 auto;来实现，示例代码如下。

```
.text1{
    width: 300px;
    margin:0 auto;
    border:1px solid red;
}
.text2{
width:100%;
    margin-top:20px;
    border:1px solid blue;
}
```

在浏览器中展示的效果如图 6-41 所示。

图 6-41　元素水平居中效果图

2. 样式重置

有些 HTML 标签自带样式，比如，p 段落标签、标题标签、列表标签等默认自带 margin 属性。在实际开发页面布局中，这些默认的样式并不利于开发，我们需要进行样式重置。可以通过设置 margin:0;实现清除元素默认 margin 值。

接下来以 p 元素为例说明，p 标签在浏览器中默认渲染展示的效果如图 6-42 所示。两个 p 标签之间有一定的间距。

图 6-42　p 默认的 margin 值

可以给 p 标签设置 margin:0; 来清除所有的外边距。在浏览器中展示的效果如图 6-43 所示。

图 6-43　p 元素清除 margin 的效果图

在实际开发中，很多 HTML 元素都自带样式，可以使用 reset.css 文件清除元素的默认样式，也可以使用简单但不推荐的方式*{margin:0; padding:0;}清除元素的 margin 和 padding。

3. 外边距重叠

上下相邻元素的下上外边距有时会重叠，实际空出的空间长度变为两外边距中的较大值。示例代码如下，两个<div>元素之间的间距显示为 50px。

```
.text1{
    margin-bottom: 20px;
}
.text2{
    margin-top: 50px;
}
```

在浏览器中展示的效果如图 6-44 所示。

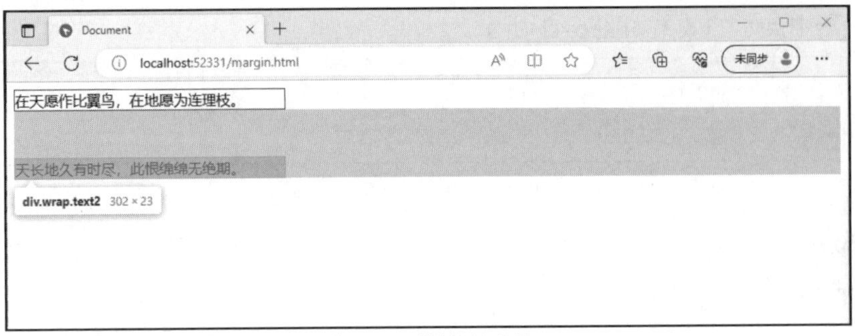

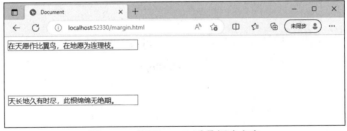

图 6-44　外边距重叠

解决方案有两种：一是给一个元素设置 margin-top 或者 margin-bottom，二是给某个元素添加一个父元素，并且给父元素添加 "overflow:hidden;"。

```
.container{
    overflow: hidden;
}
.text1{
    margin-bottom:50px;
}
.text2{
    margin-top:50px;

}

<div class="container">
    <div class="wrap text1">在天愿作比翼鸟，在地愿为连理枝。</div>
</div>
<div class="wrap text2">天长地久有时尽，此恨绵绵无绝期。</div>
```

在浏览器中展示的效果如图 6-45 所示。两个元素之间的间距是 100px。

图 4-45　上下 margin 重叠解决方案

6.7　CSS 内边距

内在美才是真的美，通过用 margin 设置元素之间的间距实现距离美，同时也可以通过 padding 属性设置元素内边距实现内在美。padding 有时也被称为内填充或内补白。

6.7.1　内边距简写属性

CSS padding 简写属性控制元素所有四条边的内边距区域。一个元素的内边距区域指的是其内容与其边框之间的空间，即上下左右的内边距。该属性包括 padding-bottom、padding-left、padding-right、padding-top。

padding 属性接受 1~4 个值。值可以是长度单位或百分比(%)。取值不能为负。

(1) 当只指定一个值时，该值会统一应用到全部四个边的内边距上。

(2) 指定两个值时，第一个值会应用于上边和下边的内边距，第二个值应用于左边和右边的内边距。

(3) 指定三个值时，第一个值应用于上边的内边距，第二个值应用于右边和左边的内边距，第三个值则应用于下边的内边距。

(4) 指定四个值时，依次(顺时针方向)作为上边、右边、下边和左边的内边距。

下面的示例代码展示 padding 的具体用法。

```
div{
    width: 260px;
    border:1px solid red;
    margin:10px;
    text-align: center;
}
/* 清除所有边的 padding */
.normal{
    padding:0;
}
/* 一个值，应用于所有边的内边距 */
.text1{
    padding:20px;
}
/* 两个值，依次应用于上边下边，左边右边 */
.text2{
    padding:10px 30px;
}
/* 三个值，依次应用于上边，左边右边，下边 */
.text3{
    padding:10px 20px 40px;
}
/* 四个值，依次应用于上边，右边，下边，左边(按顺时针方向) */
.text4{
    padding:5px 15px 30px 40px;
}
<div class="normal">在天愿作比翼鸟，在地愿为连理枝。</div>
<div class="text1">在天愿作比翼鸟，在地愿为连理枝。</div>
<div class="text2">在天愿作比翼鸟，在地愿为连理枝。</div>
<div class="text3">在天愿作比翼鸟，在地愿为连理枝。</div>
<div class="text4">在天愿作比翼鸟，在地愿为连理枝。</div>
```

在浏览器中展示的效果如图 6-46 所示。

图 6-46　padding 的取值

6.7.2　单边内边距

使用 padding-bottom(设置元素下内边距)、padding-left(设置元素左内边距)、padding-right(设置元素右内边距)、padding-top(设置元素上内边距)可以单独设置元素某个边的内边距。示例代码如下。

```css
.text1 {
    padding-top: 20px;
}
.text2 {
    padding-left: 50px;
}
.text3 {
    padding-right: 50px;
}
.text4 {
    padding-bottom: 20px;
}
```

在浏览器中展示的效果如图 6-47 所示。

图 6-47　单边内边距

6.7.3　padding 的应用

下面的示例代码包含 padding、边框和伪类选择器:hover 的综合应用。用户鼠标指针停留在图片上时，边框颜色变为红色，鼠标指针离开时恢复默认的灰色。

```
* {
    margin: 0;
    padding: 0;
}
.wrap{
 margin:30px;
}
.list{
    display: inline-block;
    border:1px solid #ddd;
    padding:21px;
    width: 120px;
    height: 160px;
}
.list img {
    width: 120px;
    height: 160px;
}
.list:hover{
    border:2px solid #e4393c;
    padding:20px;
}
<div class="wrap">
    <div class="list">
        <img src="image/book.png " alt="">
    </div>
    <div class="list">
        <img src="image/ book.png " alt="">
    </div>
    <div class="list">
        <img src="image/ book.png " alt="">
    </div>
    <div class="list">
        <img src="image/ book.png " alt="">
    </div>
</div>
```

在浏览器中展示的效果如图 6-48 所示。

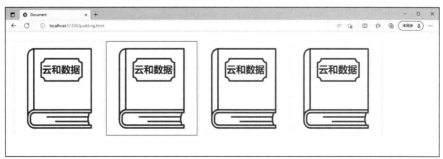

图 6-48　padding 的应用效果图

6.8 CSS 样式实战

学以致用。通过上边的学习，大家对 border、background、padding 和 margin 有了一定的认识，当多个 CSS 样式恰到好处地组合在一起时，往往会产生意想不到的效果。下面一起学习它们的神奇之处。

6.8.1 多彩的边框

当单独设置边框的四条边时，就能实现一些酷炫的效果，如图 6-49 所示。

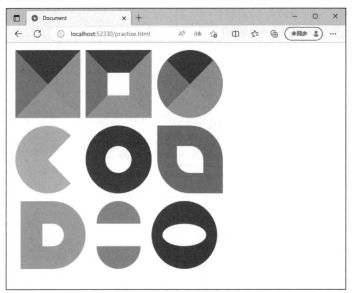

图 6-49 多彩的边框

实现上图的效果只需要结合 width、height、border 和 border-radius 属性即可。示例代码如下。

```
.border-rect{
    width: 0;
    height: 0;
    border-top:75px solid #f00;
    border-left:75px solid #0ec4c4;
    border-bottom:75px solid #5ee25e;
    border-right:75px solid #f8904b;
}
.border-hollow{
    width: 50px;
    height: 50px;
    border-top:50px solid #f00;
    border-left:50px solid #0ec4c4;
```

```
        border-bottom:50px solid #5ee25e;
        border-right:50px solid #f8904b;
}
.border-round{
    width: 0px;
    height: 0px;
    border-top:75px solid #f00;
    border-left:75px solid #0ec4c4;
    border-bottom:75px solid #5ee25e;
    border-right:75px solid #f8904b;
    border-radius: 50%;
}
.border-circle{
    width: 0;
    height: 0;
    border-radius:50% ;
    border-top:75px solid rgb(100, 240, 174);
    border-left:75px solid rgb(100, 240, 174);
    border-bottom:75px solid rgb(100, 240, 174);
    border-right:75px solid transparent;
}
.border-wheel{
    width: 60px;
    height: 60px;
    border-radius: 50%;
    border:45px solid #4432e9;
}
.border-leaf{
    border-radius: 0 50%;
    border:45px solid #3bbb3b;
    width: 60px;
    height: 60px;
}
.border-letter{
    width:50px;
    height:50px;
    border:50px solid rgb(91, 207, 236);
    border-radius: 0 100px 100px 0;
}
.border-achet{
    width:100px;
    height:50px;
    border-top:50px solid rgb(159, 135, 245);
    border-bottom:50px solid rgb(159, 135, 245);
    border-radius: 100px;
    /* background-color: #f5ce85; */
}
.border-runway{
    width: 100px;
    height: 50px;
```

```
    border-top:50px solid red;
    border-bottom:50px solid red;
    border-left:25px solid red;
    border-right:25px solid red;
    border-radius: 100px;
}


<div class="border-rect"></div>
<div class="border-hollow"></div>
<div class="border-round"></div>
<div class="border-circle"></div>
<div class="border-wheel"></div>
<div class="border-leaf"></div>
<div class="border-letter"></div>
<div class="border-achet"></div>
<div class="border-runway"></div>
```

6.8.2   不同主题的按钮

border、border-radius 和 background-color 三者结合，可以实现不同主题的按钮，满足不同页面的开发需求。

1. 创建基础的按钮

根据实际的业务需求，我们把按钮的主题分为默认样式(default)、错误(danger)、成功(success)、一般信息(info)、警告(warning)、首选项(primary)和链接(link)，创建对应主题的按钮并添加类名。示例代码如下。

```
<button class="btn default">Default</button>
<button class="btn danger">Danger</button>
<button class="btn success">Success</button>
<button class="btn info">Info</button>
<button class="btn warning">Warning</button>
<button class="btn primary">Primary</button>
<button class="btn link">Link</button>
```

2. 根据不同的主题，设置不同的主题色和样式

示例代码如下。

```
.btn{
    border: 1px solid transparent;
    padding: 6px 12px;
    font-size: 14px;
    background-color: transparent;
    margin:10px;
}
.default{
    border:1px solid #999;
```

```
    color:#333;
    background-color: #fff;
}
.danger{
    border:1px solid #d63833;
    background-color: #d63833;
    color:#fff;
    border-radius: 5px;
}
.success{
    border:1px solid #5ee25e;
    color:#fff;
    background-color: #5ee25e;
    border-radius: 5px;
}
.info{
    border:1px solid #0ec4c4;
    color:#0ec4c4;
    border-radius: 5px;
}
.warning{
    border:1px solid #f8904b;
    background-color: #f8904b;
    color:#fff;
    border-radius: 5px;
}
.primary{
    border:1px solid #357cbb;;
    background-color: #337ab7;;
    color:#fff;
    border-radius: 40px;
}
.link{
    border:none;
    color:#337ab7;
}
```

在浏览器中展示的效果如图 6-50 所示。

图 6-50　不同主题的按钮

6.9 本章练习

1. 在下列选项中，对代码"margin:10px 0 20px;"解释正确的是(　　)。

　　A. 上间距 10px，左右间距 0，下间距 20px

　　B. 上间距 10px，左间距 0，右间距 20px

　　C. 上下间距 10px，左间距 0，右间距 20px

　　D. 上间距 10px，左间距 0，右下间距 20px

2. 如果有两个上下并列关系的盒子，上面盒子的下外边距是 30px，下面盒子的上外边距是 20px，那么这两个盒子之间的间距是(　　)。

　　A. 30 像素　　　　　B. 20 像素　　　　　C. 50 像素　　　　　D. 10 像素

3. CSS 中，通过链接伪类可以实现不同的链接状态。下列用来定义未访问时超链接状态的是(　　)。

　　A. a:link　　　　　B. a:visited　　　　　C. a:hover　　　　　D. a:active

4. CSS 中，通过链接伪类可以实现不同的链接状态，下列说法错误的是(　　)。

　　A. a:link{ CSS 样式规则; } 超链访问时的状态

　　B. a:visited{ CSS 样式规则; } 访问后超链接的状态

　　C. a:hover{ CSS 样式规则; } 鼠标指针经过、悬停时超链接的状态

　　D. a: active{ CSS 样式规则; } 鼠标点击不动时超链接的状态

5. 在下列选项中，对 background-position 属性值书写正确的是(　　)。

　　A. p{ background-position:left top; }　　　　　B. p{ background-position:left 10; }

　　C. p{ background-position:10 top ;}　　　　　D. p{ background-position:top 10 ;}

6. 如何解决上下 margin 的重叠问题？请简要说明。

7. CSS 层级选择器有哪些？请简要说明。

第 7 章

定位布局

在浏览网站信息时经常会在网站中能看到一些叠加在一起的效果。例如，企业官网中，当打开网页之后，显示的广告弹窗；或者在百度官网首页，当滑动到网站的导航按钮时出现的下拉菜单，这个下拉菜单覆盖在其他元素的上面；或者小米官网轮播图和侧边栏之间的覆盖效果(图 7-1~图 7-3)。这类效果无法使用之前所学的知识点制作，想要实现这类效果，则需要使用本章所讲述的内容——定位(position)。

本章学习目标

◎ 掌握什么是定位，如何使用定位
◎ 掌握相对定位
◎ 掌握绝对定位
◎ 掌握固定定位
◎ 了解相对定位、绝对定位、固定定位的区别
◎ 掌握定位项目实战

图 7-1 视频网站广告弹窗

图 7-2 百度页面导航按钮效果

图 7-3　banner 图和侧边栏之间的覆盖效果

通过学习本章，读者可以掌握 position 中几个参数值之间的区别，并且能够在实际的应用场景中选择具体使用哪种定位方式。

7.1　定位概述

在 CSS 中，定位的意思是指定一个元素在网页上的位置。一般使用 position 属性来设置。

7.1.1　CSS 中的定位方式

CSS 有 5 种定位方式：

(1) 静态定位(static)：默认值。没有定位，元素出现在正常的流中(忽略 top、bottom、left、right 或者 z-index 声明)。

(2) 相对定位(relative)：使元素相对定位，即相对于自己的正常位置进行定位。

(3) 绝对定位(absolute)：使元素绝对定位，即相对于 static 定位以外的最近一个祖先元素进行定位。

(4) 固定定位(fixed)：使元素绝对定位，即相对于浏览器窗口进行定位。

(5) 粘性定位(sticky)：sticky 是 CSS 定位新增的属性。可以说是相对定位 relative 和固定定位 fixed 的结合。它主要用在对 scroll 事件的监听上，简单说在滑动过程中，某个元素的距离其父元素的距离达到 sticky(粘性定位)要求时，position:sticky 时的效果就相当于 fixed 定位，即固定到适当的位置。

7.1.2　指定元素位置

如果设置了元素的定位，那么元素的位置通过 left、top、right 以及 bottom 属性进行指定，具体含义如下：

(1) top：规定元素的上边缘。该属性定义了定位元素上外边距边界与其包含块上边界之间的偏移。

(2) left：规定元素的左边缘。该属性定义了定位元素左外边距边界与其包含块左边界之间的偏移。

(3) right：规定元素的右边缘。该属性定义了定位元素右外边距边界与其包含块右边界之间的偏移。

(4) bottom：规定元素的下边缘。该属性定义了定位元素下外边距边界与其包含块下边界之间的偏移。

7.2 相对定位

CSS 相对定位的书写方式为 position：relative，会相对于元素的原位置的左上角进行定位。元素仍然保持其未定位前的形状，它原本所占的空间仍保留。

给 box2 元素添加相对定位，代码如下所示。

```
<head>
<style>
    .box1{
        width: 200px;
        height: 200px;
        background-color: red;
    }
    .box2{
        width: 200px;
        height: 200px;
        background-color: green;
        position: relative;
        top: 50px;
        left: 50px;
    }
    .box3{
        width: 200px;
        height: 200px;
        background-color: blue;
    }
</style>
</head>
<body>
<div class="box1"></div>
<div class="box2"></div>
<div class="box3"></div>
<body>
```

最终效果如图 7-4 所示。

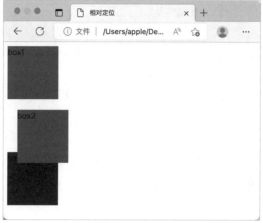

图 7-4　给 box2 元素添加相对定位

7.3 绝对定位

绝对定位的书写方式为 position：absolute，元素相对于最近的已定位祖先元素，或者相对于页面的左上角定位，但是不会保留元素原来的空间。

7.3.1　相对于最近已定位祖先元素

想要实现这个效果，需要先给当前元素的祖先元素添加定位元素，然后给当前元素添加绝对定位。

相对于最近已定位祖先元素定位，代码如下所示。

```
<style>
    .box1{
        width: 300px;
        height: 300px;
        background-color: pink;
        margin: 100px auto;
/* 相对定位 */
position: relative;
}
.box2{
        width: 100px;
        height: 100px;
        background-color: green;
/* 绝对定位 */
        position: absolute;
        top: 20px;
        left: 20px;
    }
```

```
</style>
<body>
<div class="box1">
    <div class="box2">box2</div>
</div>
</body>
```

最终效果如图 7-5 所示。

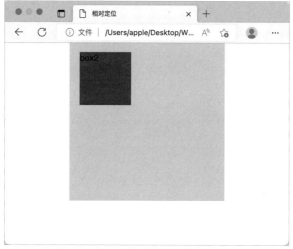

图 7-5　相对于最近的已定位祖先元素

7.3.2　相对于页面的左上角定位

需要进行绝对定位的元素，如果没有祖先元素，或者祖先元素没有添加定位元素，这时候的绝对定位是相对于页面的左上角进行定位的。

相对于页面左上角定位，代码如下所示。

```
<style>
  .box2{
      width: 100px;
      height: 100px;
      background-color: green;
      /* 绝对定位 */
      position: absolute;
      top: 20px;
      left: 20px;
    }
</style>
<body>
    <div class="box2">box2</div>
</body>
```

最终效果如图 7-6 所示。

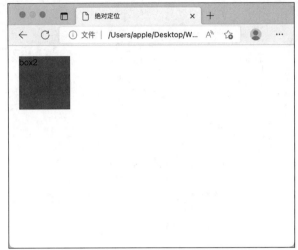

图 7-6　相对于页面的左上角定位

固定定位的书写方式为 position：fixed，元素相对于浏览器的视口定位，即使滚动页面，也始终位于同一位置，但是不会保留元素原来的空间。

在网页设计中经常需制作无论页面如何滚动，也不会改变相对位置的元素，如：侧边导航栏，全屏漂浮的移动窗口，一些官网右下角的咨询聊天弹窗等。

右下角显示广告图片，代码如下所示。

```
<style>
    body{
        /* 给页面添加足够的高度，保证页面能够滚动 */
        height: 3000px;
    }
    .news{
        width: 100px;
        /* 固定定位 */
        position: fixed;
        right: 10px;
        bottom: 0;
    }
    .news img{
        width: 100%;
    }
    .close {
        /* 相对于最近的已定位父元素 */
        position: absolute;
        top: 0;
        right: 0;
```

```
        }
        .close img{
            width: 20px;
        }
</style>
<body>
    <!-- 右下角的广告内容 -->
    <div class="news">
        <img src="./img3.jpg" alt="">
        <span class="close">
            <img src="./cuowu.png" alt="">
        </span>
    </div>
</body>
```

最终效果如图 7-7 所示。

图 7-7　固定定位效果图

7.5　元素的堆叠次序

z-index 属性设置元素的堆叠顺序，该属性设置一个定位元素沿 z 轴的位置，z 轴定义为垂直延伸到显示区的轴。如果为正数，则离用户更近，为负数则表示离用户更远。z-index 仅能在定位元素上奏效，并且元素可拥有负的 z-index 属性值。

> **注意**
>
> 只有当元素的 position 为 relative、absolute、fixed 等脱离了文档流的定位时，z-index 才会生效。

语法格式如下

```
z-index:number
```

z-index 层级结构如图 7-8 所示。

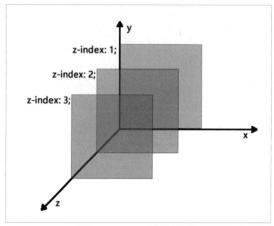

图 7-8　z-index 层级结构

元素默认的层级关系，代码如下所示。

```
<style>
    div{
        width: 100px;
        height: 100px;
        position: absolute;
    }
    .red{
        background-color: red;
        top: 10px;
        left: 10px;
    }
    .green{
        background-color: green;
        top: 40px;
        left: 40px;
    }
    .blue{
        background-color: blue;
        top: 70px;
        left: 70px;
    }
    .pink{
        background-color: pink;
        top: 90px;
        left: 90px;
    }
</style>
<body>
```

```
<div class="red"></div>
<div class="green"></div>
<div class="blue"></div>
<div class="pink"></div>
</body>
```

最终效果如图 7-9 所示。

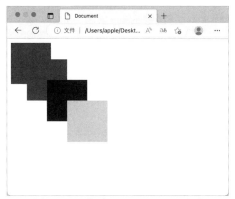

图 7-9　元素默认 z-index 层级关系

调整元素默认的层级关系，代码如下所示。

```
<style>
    div{
        width: 100px;
        height: 100px;
        position: absolute;
    }
    .red{
        background-color: red;
        top: 10px;
        left: 10px;
        z-index: 10;
    }
    .green{
        background-color: green;
        top: 40px;
        left: 40px;
        z-index: 9;
    }
    .blue{
        background-color: blue;
        top: 70px;
        left: 70px;
        z-index: 7;
    }
    .pink{
        background-color: pink;
        top: 90px;
        left: 90px;
```

```
        z-index: 6;
    }
</style>
<body>
    <div class="red"></div>
    <div class="green"></div>
    <div class="blue"></div>
    <div class="pink"></div>
</body>
```

最终效果如图 7-10 所示。

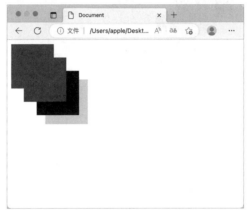

图 7-10 调整元素 z-index 层级关系

7.6 案例演示

学完定位的所有内容，接下来将通过几个案例，将上面讲到的知识点应用起来。

7.6.1 遮罩层效果

在"哪吒闹海"效果中，使用到了 relative 和 absolute，重点使用的是 absolute 相对于最近的已定位祖先元素的定位特性实现的效果，最终的实现效果如图 7-11 所示。

(1) 添加外层 div 盒子和图片

外层 div 盒子有红色的边框，需要添加 border。并且边框是带有圆角的，因此需要添加 border-radius。图片的大小和盒子一样，可以添加固定的宽高，也可以自适应。

图 7-11 "哪吒闹海"效果图

代码如下所示。

```
<style>
    .box{
        /* 给盒子添加宽度，高度由内容撑开 */
        width: 400px;
        /* 给父元素添加相对定位 */
        position: relative;
        /* 元素显示在作用的正中间 */
        margin: 0 auto;
        /* 添加10像素的红色边框 */
        border: 10px solid #f00;
        /* 添加圆角效果 */
        border-radius: 5px;
        /* 解决浮动塌陷问题 */
        overflow: hidden;
    }
    .box img{
        /* 给图片添加宽度，高度自适应 */
        width: 100%;
        float: left;
    }
</style>
<body>
<div class="box">
    <img src="./pic.jpeg" alt="">
</div>
</body>
```

效果如图 7-12 所示。

图 7-12　边框和图片效果

(2) 添加半透明背景和白色文字

背景颜色和文字是盖在图片上面的，所以需要使用定位。为了方便操作，可以给父元素添加 relative，子元素添加 absolute，让子元素能够相对于最近的已定位祖先元素定位，这样更有利于对位置的调整。

代码如下所示。

```
<style>
    .box{
        /* 给盒子添加宽度，高度由内容撑开 */
        width: 400px;
        /* 给父元素添加相对定位 */
        position: relative;
        /* 元素显示在作用的正中间 */
        margin: 0 auto;
        /* 添加10像素的红色边框 */
        border: 10px solid #f00;
        /* 添加圆角效果 */
        border-radius: 5px;
        /* 解决浮动塌陷问题 */
        overflow: hidden;
    }
    .box img{
        /* 给图片添加宽度，高度自适应 */
        width: 100%;
        float: left;
    }
    .title{
        /* 给当前元素添加绝对定位 */
        position: absolute;
        /* 调整元素跟下边缘之间的距离 */
        bottom: 0;
        /* 背景半透明 */
        background-color: rgba(0,0,0,.5);
        width: 100%;
        height: 50px;
        /* 文本垂直方向居中 */
        line-height: 50px;
        /* 文本水平方向居中 */
        text-align: center;
        font-size: 22px;
        color: #fff;
    }
</style>
<body>
<div class="box">
    <img src="./pic.jpeg" alt="">
    <div class="title">哪吒闹海</div>
</div>
```

效果如图 7-13 所示。

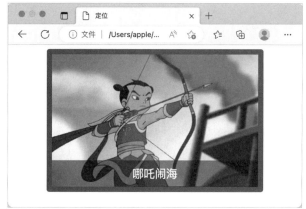

图 7-13　添加半透明背景和白色文字的效果

7.6.2　使用定位实现圣杯布局效果

在 CSS 中，圣杯布局是指两边盒子宽度固定、中间盒子自适应的三栏布局，可以使用定位实现圣杯布局，最终实现效果如图 7-14 所示。

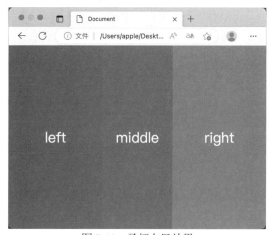

图 7-14　圣杯布局效果

整个效果分为左中右三部分，其中左右两部分分别固定在页面的左边和右边，拥有固定的宽度，中间部分会进行自适应。

圣杯布局代码如下所示。

```
<style>
* {
    margin: 0;
    padding: 0;
}
.father {
    height: 100vh;
    background-color: #aa5b71;
    /* 为左右两边预留空间，避免遮挡父元素中的其他内容 */
    padding-left: 200px;
    padding-right: 200px;
```

```
        text-align: center;
        line-height: 100vh;
        color: #fff;
        font-size: 30px;
    }
    .left {
        width: 200px;
        height: 100%;
        background-color: #428675;
        position: absolute;
        top: 0;
        /* 定位元素左边缘对齐 */
        left: 0;
    }
    .right {
        width: 200px;
        height:100vh;
        background-color: #c06f98;
        position: absolute;
        top: 0;
        /* 定位元素右边缘对齐 */
        right: 0;
    }
</style>
<body>
<div class="father">
    <div class="left">left</div>
    <div class="middle">middle</div>
    <div class="right">right</div>
</div>
```

7.7 本章练习

1. 下面(　　)不是 position 的参数值。

    A. relative   B. absolute   C. fixed   D. left

2. 在 CSS 中有关 z-index 值说法正确的是(　　)。

    A. z-index 能在所有元素上奏效   B. 元素不能拥有负的 z-index 属性值

    C. z-index 仅能在定位元素上奏效   D. 以上说法都正确

3. 下面属性(　　)可以相对于已定位的父元素进行定位。

    A. relative   B. absolute   C. fixed   D. left

4. 在定位模式中，position 属性的默认定位属性值是(　　)。

    A. relative   B. absolute   C. fixed   D. static

5. position 属性取值(　　)表示相对定位。

    A. relative   B. absolute   C. fixed   D. static

第 *8* 章

弹性盒子布局方案

弹性盒子布局多应用于移动端，弹性盒子布局是一种当页面需要适应不同的屏幕大小以及设备类型时确保元素拥有恰当行为的布局方式。弹性盒子也是 CSS3 的一种新的布局模式。

本章学习目标

◎ 了解弹性盒子概念
◎ 了解基本的弹性盒子布局方式
◎ 学会弹性盒子的运用

8.1 弹性盒子介绍

弹性盒子最重要的特点是"弹性"两个字。所谓弹性，就是赋予盒子最大的灵活性，不用考虑各个浏览器的兼容性，因为市场上所见的浏览器基本都能够兼容弹性盒子布局，给开发移动端带来了极大的便利，可以说弹性盒子给移动端开发带来了新的生命，接下来将详细介绍弹性盒子的魅力所在。

8.1.1　flex 布局介绍

display：flex 属性控制盒子的位置和排列方式。在没有使用弹性盒子属性前，父盒子里面的子元素呈块级元素排列，子元素都是一行内容，使用过弹性元素后父元素内的子元素会在一行内排列。只要是容器(如<div>标签)就能够使用 flex 布局，并且行内元素也可以用 flex 布局。

8.1.2 flex 基本概念

采用 flex 布局时，使用 flex 元素的容器被称为 flex 容器(flex container)，该容器内所有子元素都会自动成为 flex 容器的一员，可以将之统称为 flex 项目(flex item)。flex 默认情况下会存在两根轴：水平的主轴(main axis)和垂直的交叉轴(cross axis)，也可以理解为水平为 x 轴，垂直为 y 轴。主轴的开始位置与边框的交叉点叫做 main start，结束的位置叫做 main end；交叉轴的开始位置叫做 cross start，结束位置叫做 cross end。单个子元素项目占据的主轴空间叫做 main size，占据的交叉轴空间叫做 cross size。flex 项目永远沿主轴排列，并且从 start 开始到 end 位置结束，使用弹性盒子时，可以设置不同的属性，以切换主轴和交叉轴，并且也可以设置 start 点和 end 点的位置，弹性盒子的默认结构如图 8-1 所示。

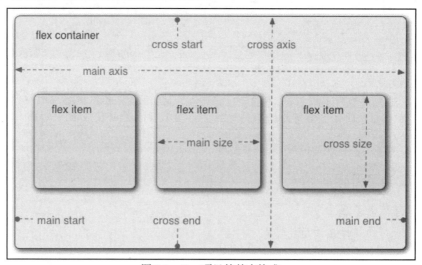

图 8-1　flex 项目的基本构成

8.2　弹性盒子属性

在上一小节中了解了弹性盒子的创建以及 flex 项目的基本构成与排列，接下来学习弹性盒子的样式属性，真正掌握弹性盒子布局的方式。

弹性盒子的常用属性有 flex-direction、justify-content、align-items、flex-wrap、flex-flow、align-content 等 6 个属性。

8.2.1 flex-direction 属性

flex-direction 属性用于控制容器中 flex 项目的排列方向。flex-direction 属性中主要有以下四个属性值，如表 8-1 所示。

表 8-1　主轴方向排列的常用属性表

属性值	作用
row	默认值，主轴沿水平方向从左到右
row-reverse	主轴沿水平方向从右到左
column	主轴沿垂直方向从上到下
column-reverse	主轴沿垂直方向从下到上

下面通过一个综合案例演示 flex-direction 各属性值的布局效果。

```
<!DOCTYPE html>
<html lang="en">
<head>
    <title>flex 弹性布局</title>
    <style>
        #main {
            border: 2px solid #00f;
            padding: 5px;
            position: relative;
        }
        .row, .row_reverse, .column, .column_reverse{
            display: flex; /* 弹性布局 */
            margin-bottom: 5px;
            border: 1px solid #00f;
        }
        .row {
            flex-direction: row;/* 表示沿水平方向，由左到右 */
        }
        .row_reverse {
            flex-direction: row-reverse;/* 表示沿水平方向，由右到左 */
        }
        .column {
            flex-direction: column;/* 表示沿垂直方向，由上到下 */
        }
        .column_reverse {
            flex-direction: column-reverse;/* 表示沿垂直方向，由下到上 */
        }
        .row div, .row_reverse div, .column div, .column_reverse div {
            width: 50px;
            height: 50px;
            border: 1px solid black;
        }
    </style>
</head>
<body>
    <div id="main">
        <div class="row">
            <div>A</div><div>B</div><div>C</div><div>D</div><div>E</div>
        </div>
        <div class="row_reverse">
```

```
        <div>A</div><div>B</div><div>C</div><div>D</div><div>E</div>
    </div>
    <div class="column">
        <div>A</div><div>B</div><div>C</div>
    </div>
    <div class="column_reverse">
        <div>A</div><div>B</div><div>C</div>
    </div>
  </div>
</body>
</html>
```

执行效果如图 8-2 所示。

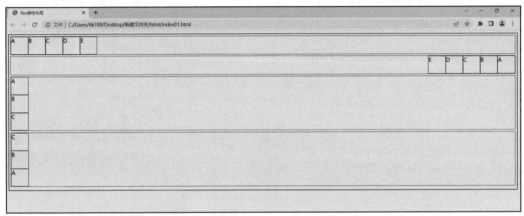

图 8-2　flex-direction 各属性值的效果图

8.2.2　justify-content 属性

justify-content 属性用于设置弹性盒子中元素在主轴(横轴)方向上的对齐方式，属性的可选值如表 8-2 所示。

表 8-2　justify-content 主轴对齐属性表

属性值	作用
flex-start	默认值，起点开始依次排列(左对齐)
flex-end	终点开始依次排列(右对齐)
space-around	先居中对齐，然后等间距地分布在容器中
space-between	两端对齐，项目之间的间隔是相等的
space-evenly	注重间距，先将所有间距等分，再排列子元素
center	居中

下面通过一个综合案例演示 justify-content 属性布局的效果。

```
<!DOCTYPE html>
<html lang="en">
<head>
```

```html
        <title>弹性布局</title>
        <style>
            .flex {
                display: flex;
                flex-flow: row wrap;
                margin-top: 10px;
                border: 2px dashed #000;
            }
            .flex div {
                width: 60px;
                height: 60px;
                margin-top: 5px;
                margin-bottom: 5px;
                border: 1px solid black;
            }
            .flex-start {
                justify-content: flex-start;
            }
            .flex-end {
                justify-content: flex-end;
            }
            .center {
                justify-content: center;
            }
            .space-between {
                justify-content: space-between;
            }
            .space-around {
                justify-content: space-around;
            }
        </style>
    </head>
<body>
    <div class="flex flex-start">
        <div>A</div><div>B</div><div>C</div><div>D</div>
    </div>
    <div class="flex flex-end">
        <div>A</div><div>B</div><div>C</div><div>D</div>
    </div>
    <div class="flex center">
        <div>A</div><div>B</div><div>C</div><div>D</div>
    </div>
    <div class="flex space-between">
        <div>A</div><div>B</div><div>C</div><div>D</div>
    </div>
    <div class="flex space-around">
        <div>A</div><div>B</div><div>C</div><div>D</div>
    </div>
</body>
</html>
```

执行效果如图 8-3 所示。

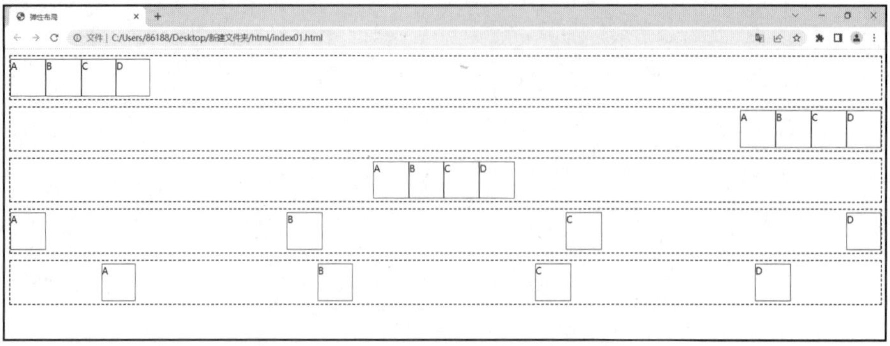

图 8-3 justify-content 各属性值的效果图

8.2.3 align-items 属性

align-items 属性属于交叉轴(纵轴)排列方式,它定义 flex 子项在 flex 容器的当前行的侧轴(纵轴)方向上的对齐方式,它主要有以下五个属性值,如表 8-3 所示。

表 8-3 单行侧轴对齐(align-items)属性表

属性值	作用
flex-start	起点开始依次排列
flex-end	终点开始依次排列
center	沿侧轴居中排列,垂直居中
stretch	默认效果,弹性盒子沿着侧轴线被拉伸至铺满容器
baseline	行内轴与侧轴为同一条时,值与 flex-start 效果一样。其他情况下,该值将与基线对齐

下面通过一个综合案例演示 align-items 各属性值的布局效果。

```
<!DOCTYPE html>
<html lang="en">
<head>
    <meta charset="UTF-8">
    <meta http-equiv="X-UA-Compatible" content="IE=edge">
    <meta name="viewport" content="width=device-width, initial-scale=1.0">
    <title>弹性布局</title>

    <style>
        .flex {
            display: flex;/*定义为弹性盒子*/
            height: 50px;
            flex-flow: row wrap;/*设置排列方式*/
            margin-top: 10px;
            border: 2px dashed #000;
        }
        .flex div {
            width: 50px;
            margin-top: 5px;
```

```
                margin-bottom: 5px;
                border: 1px solid black;
            }
            .flex-start {
                align-items: flex-start;
            }
            .flex-end {
                align-items: flex-end;
            }
            .center {
                align-items: center;
            }
            .stretch {
                align-items: stretch;
            }
            .baseline {
                align-items: baseline;
            }
        </style>
    </head>
    <body>
        <div class="flex flex-start">
            <div>A</div><div>B</div><div>C</div><div>D</div>
        </div>
        <div class="flex flex-end">
            <div>A</div><div>B</div><div>C</div><div>D</div>
        </div>
        <div class="flex center">
            <div>A</div><div>B</div><div>C</div><div>D</div>
        </div>
        <div class="flex stretch">
            <div>A</div><div>B</div><div>C</div><div>D</div>
        </div>
        <div class="flex baseline">
            <div>A</div><div>B</div><div>C</div><div>D</div>
        </div>
    </body>
</html>
```

执行效果如图 8-4 所示。

图 8-4   align-items 各属性值的效果图

8.2.4　flex-wrap 属性

align-content 属性用于修改 flex-wrap 属性的行为。类似于 align-items，但它不是设置弹性子元素的对齐，而是设置各个行的对齐，所以在这里先演示 flex-wrap 属性的使用和效果。flex-wrap 的属性值主要有 3 个，如表 8-6 所示。

flex-wrap 属性用于对弹性盒子内的元素溢出时换行排列，属性值如表 8-4 所示。

表 8-4　flex-wrap 属性表

属性值	作用
nowrap	默认，弹性容器为单行
wrap	元素溢出时换行，从盒子顶部开始排列，第一行在上方
wrap-reverse	元素溢出时换行，从盒子底部开始排列，第一行在下方

下面通过一个综合案例演示 flex-wrap 的布局效果。

```html
<!DOCTYPE html>
<html lang="en">
<head>
    <meta charset="UTF-8">
    <meta http-equiv="X-UA-Compatible" content="IE=edge">
    <meta name="viewport" content="width=device-width, initial-scale=1.0">
    <title>弹性布局</title>

    <style type="text/css">
        .flex {
            width: 500px;
            height: 150px;
            border: 1px solid black;
            margin: auto;
            /*定义为弹性盒子*/
            display: flex;
            /*设置排列方式*/
            flex-direction: row;
            /*设置水平对齐方式*/
            justify-content:flex-start;
            /*设置该行垂直对齐方式*/
            align-items: center;

        }
        .flex div {
            width: 100px;
            height: 50px;
            background: darkred;
            text-align: center;
            line-height: 50px;
            color: white;
        }
        .wrap{
```

```
                /*设置溢出是否换行*/
                flex-wrap:wrap;
            }
            .wrap-reverse{
                /*设置溢出是否换行*/
                flex-wrap:wrap-reverse;
            }
        </style>
    </head>
    <body>
        <div class="flex wrap">
            <div class="box1">1</div>
            <div class="box1">2</div>
            <div class="box1">3</div>
            <div class="box1">4</div>
            <div class="box1">5</div>
            <div class="box1">6</div>
            <div class="box1">7</div>
        </div>

        <div class="flex wrap-reverse">
            <div class="box1">1</div>
            <div class="box1">2</div>
            <div class="box1">3</div>
            <div class="box1">4</div>
            <div class="box1">5</div>
            <div class="box1">6</div>
            <div class="box1">7</div>
        </div>
    </body>
</html>
```

执行效果如图 8-5 所示。

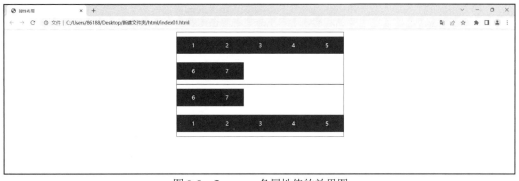

图 8-5　flex-wrap 各属性值的效果图

以上两种就是元素换行效果的用法以及所呈现的效果，在了解完 flex-direction 属性以及 flex-wrap 属性之后，这里再补充一个属性 flex-flow，接下来详细去了解。

8.2.5 flex-flow 属性

flex-flow 属性是 flex-direction 和 flex-wrap 属性的复合属性，其写法可以为 {flex-flow:row-reverse wrap;}，简单来说，就是把两者的属性值结合起来一起使用，还有一个作用是设置或检索弹性盒模型对象的子元素排列方式。

举例：弹性盒子的元素以相反的顺序显示，且在必要的时候进行拆行。示例代码如下。

```html
<!DOCTYPE html>
<html lang="en">
  <head>
    <meta charset="UTF-8" />
    <meta http-equiv="X-UA-Compatible" content="IE=edge" />
    <meta name="viewport" content="width=device-width, initial-scale=1.0" />
    <title>弹性布局</title>
    <style>
      .flex-container {
        display: flex;
        flex-flow: row-reverse wrap;
        width: 500px;
        height: 250px;
        border: 2px solid black;
      }

      .flex-item {
        width: 100px;
        height: 100px;
        color: white;
        margin: 10px;
        background-color:crimson;
      }
    </style>
  </head>
  <body>
    <div class="flex-container">
      <div class="flex-item">flex-item-1</div>
      <div class="flex-item">flex-item-2</div>
      <div class="flex-item">flex-item-3</div>
      <div class="flex-item">flex-item-4</div>
      <div class="flex-item">flex-item-5</div>
      <div class="flex-item">flex-item-6</div>
      <div class="flex-item">flex-item-7</div>
    </div>
  </body>
</html>
```

最终的展示效果如图 8-6 所示。

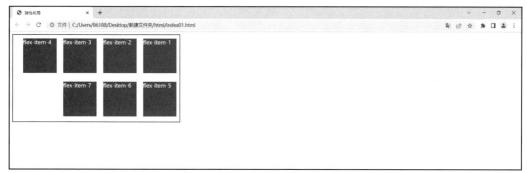

图 8-6　row-reverse wrap 效果图

8.2.6　align-content 属性

align-content 属性主要有六个属性值，在上一小节说到 align-content 属性用于修改 flex-wrap 属性的行为。类似于 align-items，但它不是设置弹性子元素的对齐，而是设置各个行的对齐方式，接下来看看属性值的具体体现，如表 8-5 所示。

表 8-5　多行侧轴对齐(align-content)属性表

属性值	作用
stretch	默认各行将会伸展以占用剩余的空间
flex-start	交叉轴的起点对齐开始依次排列
flex-end	交叉轴的终点对齐开始依次排列
center	交叉轴的居中排列
space-around	每根轴线两侧的间隔都相等，轴线之间的间隔是轴线与边框的 2 倍
space-between	交叉轴两端对齐，轴线之间的间隔平均分布

以上是 align-content 的所有属性值，下面通过一个综合案例演示它的具体作用和效果。

```html
<!DOCTYPE html>
<html lang="en">
  <head>
    <meta charset="UTF-8" />
    <meta http-equiv="X-UA-Compatible" content="IE=edge" />
    <meta name="viewport" content="width=device-width, initial-scale=1.0" />
    <title>弹性布局</title>
    <style type="text/css">
      .box {
        width: 500px;
        height: 150px;
        border: 1px solid black;
        margin: auto;
        /*定义为弹性盒子*/
        display: flex;
        /*设置排列方式*/
        flex-direction: row;
        /*设置水平对齐方式*/
```

```
       justify-content: flex-start;
       /*设置溢出是否换行*/
       flex-wrap:wrap;
    }
    .box div {
       width: 100px;
       border: 1px solid #fff;
       background-color: darkgreen;
       text-align: center;
       line-height: 50px;
       color: white;
    }
    .flex-start{
       /* 交叉轴的起点对齐开始依次排列 */
       align-content:flex-start;
    }
    .flex-end{
       /* 交叉轴的终点对齐开始依次排列 */
       align-content:flex-end;
    }
    .center{
       /* 交叉轴的居中排列 */
       align-content:center;
    }
    .stretch{
       /* 默认各行将会伸展以占用剩余的空间 */
       align-content:stretch;
    }
    .space-around{
       /* 每根轴线两侧的间隔都相等。所以，轴线之间的间隔比轴线与边框的间隔大一倍。 */
       align-content:space-around;
    }
  </style>
</head>
<body>
  <div class="box flex-start">
      <div class="box1">1</div><div class="box1">2</div><div class="box1">3</div>
      <div class="box1">4</div><div class="box1">5</div><div class="box1">6</div>
      <div class="box1">7</div>
  </div>
  <div class="box flex-end">
      <div class="box1">1</div><div class="box1">2</div><div class="box1">3</div>
      <div class="box1">4</div><div class="box1">5</div><div class="box1">6</div>
      <div class="box1">7</div>
   </div>
   <div class="box center">
      <div class="box1">1</div><div class="box1">2</div><div class="box1">3</div>
      <div class="box1">4</div><div class="box1">5</div><div class="box1">6</div>
      <div class="box1">7</div>
   </div>
```

```
    <div class="box stretch">
      <div class="box1">1</div><div class="box1">2</div><div class="box1">3</div>
      <div class="box1">4</div><div class="box1">5</div><div class="box1">6</div>
      <div class="box1">7</div>
    </div>
    <div class="box space-around">
      <div class="box1">1</div><div class="box1">2</div><div class="box1">3</div>
      <div class="box1">4</div><div class="box1">5</div><div class="box1">6</div>
      <div class="box1">7</div>
    </div>
  </body>
</html>
```

执行效果如图 8-7 所示。

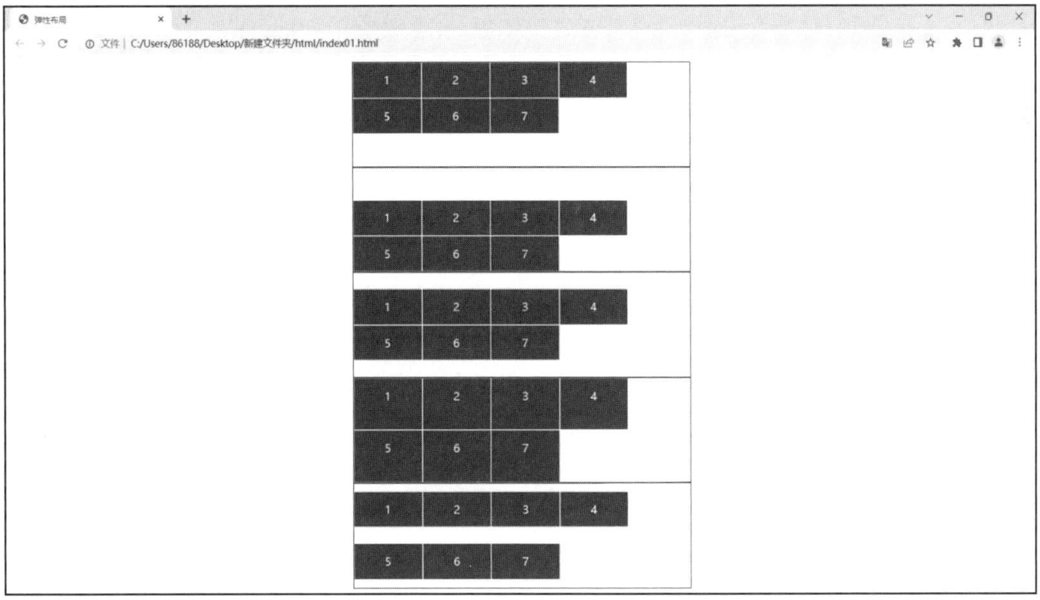

图 8-7　align-content 属性效果图

总结 align-content 属性，不管我们设置哪个属性值，align-content 只是修改了 flex-wrap 属性的行为。学到这里，弹性盒子属性就讲解结束了。接下来开始学习 flex 项目属性。

8.3 flex 项目属性

采用 flex 布局的元素，称为 flex 容器。flex 所有子元素自动成为容器的一员，称为 flex 项目，flex 项目属性有 6 个(表 8-6)，具体详解请参阅 8.1.2 节。

表 8-6　flex 项目属性表

属性值	作用
flex-grow	值越大代表所占父元素空间越大
flex-shrink	值越大代表所占父元素空间越小
flex-basis	控制每一个 flex 项目的默认大小
flex	用于指定弹性子元素怎样分配空间
order	order 属性会根据主轴方向重新排序
align-self	当对一个项目做对齐方式时可以使用 align-self 属性

8.3.1　flex-grow 属性

flex-grow 是项目放大的属性，书写方式为{flex-grow:数字;}，flex-grow 属性值越大代表所占父元素空间越大，接下来用一个示例来讲解，示例代码如下。

```html
<!DOCTYPE html>
<html>
  <head>
    <meta charset="utf-8" />
    <title></title>
    <style>
      .box {
        display: flex;
        width:800px;
        border:1px solid black;
      }
      div p{
        width: 200px;
        color: white;
        margin: 5px;
        background-color: black;
      }

      .box-item3 {
        flex-grow: 1;
      }
    </style>
  </head>

  <body>
    <div class="box">
      <p class="box-item1">one</p>
      <p class="box-item2">two</p>
      <p class="box-item3">three</p>
    </div>
  </body>
</html>
```

最终的展示效果如图 8-8 所示。

图 8-8　flex-grow 效果图

8.3.2　flex-shrink 属性

flex-shrink 是项目缩小的一个比例，书写方式为{flex-shrink:数字;}，flex-shrink 属性值越大代表所占父元素空间越小，具体用一个例子来讲解，示例代码如下。

```
<!DOCTYPE html>
<html>
  <head>
    <meta charset="utf-8" />
    <title></title>
    <style>
      .box {
        width: 800px;
        display: flex;
    border: 1px solid black;
      }
      div p{
        width: 400px;
        color: white;
        margin: 5px;
        background-color: black;
      }
      .box-item1 {
       flex-shrink: 1;
      }
      .box-item2 {
       flex-shrink: 0;
      }
      .box-item3 {
       flex-shrink: 2;
      }
    </style>
  </head>

  <body>
    <div class="box">
      <p class="box-item1">one</p>
      <p class="box-item2">two</p>
      <p class="box-item3">three</p>
    </div>
  </body>
</html>
```

最终的展示效果如图 8-9 所示。

图 8-9　flex-shrink 效果

8.3.3　flex-basis 属性

flex-basis 属性控制每一个 flex 项目的默认大小。flex-basis 的取值相当于 px、em、rem 等常用尺寸。flex-basis 的默认取值是 auto，flex-basis 取值为 length 时，表示可以赋值给它，如 20px，flex-basic 会根据主轴方向覆盖掉 flex 项目原有的宽度或高度。示例代码如下。

```html
<!DOCTYPE html>
<html>
  <head>
    <meta charset="utf-8" />
    <title></title>
    <style>
      .box {
        display: flex;
        width: 800px;
        border: 1px solid black;
      }
      div p {
        width: 200px;
        color: white;
        margin: 5px;
        background-color: black;
      }
      .box-item1 {
        flex-basis: auto;
      }
      .box-item3 {
        flex-basis: 400px;
      }
    </style>
  </head>

  <body>
    <div class="box">
      <p class="box-item1">one</p>
      <p class="box-item2">two</p>
      <p class="box-item3">three</p>
    </div>
  </body>
</html>
```

最终展示的效果如图 8-10 所示。

图 8-10　flex-basis 效果

8.3.4　flex 属性

flex 属性用于指定弹性子元素怎样分配空间，另外需要注意的是子元素的高是继承父元素的。例如，因为 flex 属性是继承父元素高度，所以 flex 效果只对宽度有效。示例代码如下。

```html
<!DOCTYPE html>
<html>
  <head>
    <meta charset="utf-8" />
    <title></title>
    <style>
      .container {
        /* 设置为弹性盒子 */
        display: flex;
        width: 600px;
        height: 250px;
        border: 1px solid black;
      }
      .container-item {
        background-color: black;
        margin: 10px;
        color: white;
      }
      .item1 {
        /*除去 margin 值占父元素宽度两倍*/
        flex: 2;
      }
      .item {
        /*除去 margin 值占父元素宽度 1 倍*/
        flex: 1;
      }
      .item3 {
        /*除去 margin 值占父元素宽度 1 倍*/
        flex: 1;
      }
    </style>
  </head>

  <body>
    <div class="container">
      <div class="container-item item1">container item 1</div>
      <div class="container-item item2">container item 2</div>
      <div class="container-item item3">container item 3</div>
    </div>
  </body>
</html>
```

最终的展示效果如图 8-11 所示。

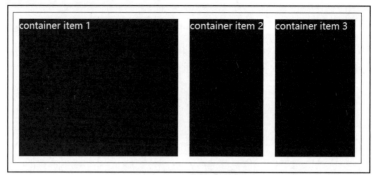

图 8-11　flex 数值分配空间

8.3.5　order 属性

order 属性会根据主轴方向重新排序，书写方式为{order:数字;}，order 属性值越大位置越靠后，反之属性值越小位置越靠前。示例代码如下。

```
<!DOCTYPE html>
<html>
  <head>
    <meta charset="utf-8" />
    <title></title>
    <style>
      .box {
        display: flex;
        width: 800px;
        border: 1px solid black;
      }
      div p {
        width: 200px;
        color: white;
        margin: 5px;
        background-color: black;
      }
      .box-item1 {
        order: 0;
      }
      .box-item2 {
        order: 1;
      }
      .box-item3 {
        order: -1;
      }
    </style>
  </head>

  <body>
    <div class="box">
      <p class="box-item1">one</p>
      <p class="box-item2">two</p>
```

```
      <p class="box-item3">three</p>
    </div>
  </body>
</html>
```

最终的展示效果如图 8-12 所示。

图 8-12　order 效果图

8.3.6　align-self 属性

align-self 属性根据交叉轴方向覆盖原有的 align-items 属性，具体作用是允许单个项目有与其他项目不一样的对齐方式，当需要单一地对一个项目做对齐方式时可以使用 align-self 属性，示例代码如下。

```
<!DOCTYPE html>
<html>
  <head>
    <meta charset="utf-8" />
    <title></title>
    <style>
.main {
    width: 220px;
    height: 300px;
    border: 1px solid black;
    display: flex;
    align-items: flex-start;
}
.main div {
    flex: 1;
}
.box {
    align-self: center;
}
    </style>
  </head>
  <body>
   <div id="main">
   <div">容器 1</div>
   <div class="box">容器 2</div>
   <div>最多内容的容器 3</div>
</div>
  </body>
</html>
```

最终的演示效果如图 8-13 所示。

图 8-13　align-self 属性效果图

8.4　城市旅游移动端首页开发实战

学以致用。经过前边的学习，大家对弹性盒子已经有了深刻认识。下面实现弹性盒子的综合应用案例：制作城市旅游移动端首页。案例效果如图 8-14 所示。

图 8-14　城市旅游移动端首页

1. 整体框架结构

通过分析效果图，可以看出页面简单分为两个区域，先创建一个 div 容器，且包括两个 div 容器，分别为内容部分、页尾。示例代码如下。

```
<body>
<div>
    <div>内容部分</div>
```

```
    <div>页尾</div>
</div>
</body>
```

这时候在浏览器中是显示不出所写的结构的，接下来可以为<div>标签分别添加 3 个不同的类名，通过类名给 3 个<div>标签添加样式。

(1) 添加不同的类名，给<div>标签添加背景颜色。示例代码如下。

```
<!DOCTYPE html>
<html lang="en">
<head>
    <meta charset="UTF-8">
    <meta http-equiv="X-UA-Compatible" content="IE=edge">
    <meta name="viewport" content="width=device-width, initial-scale=1.0">
    <title>城市旅游</title>
    <style>
        /* 在进行项目书写样式时，第一步要清除边距 */
        *{
            padding: 0;
            margin: 0;
        }
        .container{
            background-color: rgb(75, 68, 68);
            color: white;
        }
        .tabbar{
            background-color: rgb(20, 12, 12);
            color: white;
        }
    </style>
</head>
<body>
<div class="complete">
    <div class="container">内容部分</div>
  <div class="tabbar">页尾</div>
</div>
</body>
</html>
```

最终的演示效果如图 8-15 所示。

图 8-15 添加<div>标签样式

(2) 防止两个部分代码"污染"，首先可以给 html、body 设置高度为百分百，complete 类设置弹性布局，高度百分百，并且所有项目呈从上到下排列，示例代码如下。

CSS 代码部分：

```
/* 在进行项目书写样式时，第一步要清除边距 */
   * {
    padding: 0;
    margin: 0;
   }

   html,body{
    height: 100%;
   }
   .complete{
    display: flex;
    height: 100%;
    flex-direction: column;
   }
```

2. 分析结构

(1) 通过分析，可以知道内容部分分为 4 个部分，分别为搜索框、分类项、图片、列表项。首先书写 input 输入框，因为是照片，所以采用背景图方式引入，但要注意背景图片不平铺，在 HTML 部分可以在 input 输入框中使用 placeholder 属性，在 CSS 中设置 input 选中状态取消属性。示例代码如下。

HTML 代码如下：

```
<div class="container">
   <div>
 <!-- 搜索框 -->
 <div class="search">
  <input
    type="text"
    placeholder="请输入帖子或用户"
  />
 </div>
```

CSS 代码如下：

```
   /* 搜索框 */
 [type="text"] {
  margin-top: 10px;
  margin-left: 10px;
  text-align: center;
  width: 95%;
  height: 40px;
  border: 1px;
  border-radius: 5px;
  outline: none;
  background-image: url(./搜索.png);
  background-repeat: no-repeat;
  background-size: 30px 30px;
```

```
    background-position: 2px;
    background-color: #f2f2f2;
    color: #c0b7b7;
}
```

最终的演示效果如图 8-16 所示。

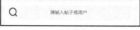

图 8-16　搜索框效果图

(2) 设置分类项部分，给父盒子弹性元素以及沿主轴居中，调整内边距、宽高、文本居中，最后给每个子元素项目一个 hover 效果，示例代码如下。

HTML 代码如下：

```
<!-- 分类项 -->
<div class="sort">
  <div class="sort-item">热门</div>
  <div class="sort-item">生活</div>
  <div class="sort-item">城市</div>
  <div class="sort-item">时政</div>
</div>
```

CSS 代码如下：

```
/* 分类项 */
.sort {
  display: flex;
  justify-content: center;
  opacity: 1;
}
.sort-item {
  width: 40px;
  height: 40px;
  padding: 5px 25px 0 25px;
  text-align: center;
  line-height: 40px;
  color: #c0b7b7;
}
.sort-item:nth-child(1) {
  color: #252525;
}
.sort-item:nth-child(1):hover {
  color: #252525;
}
.sort-item:nth-child(2):hover {
  color: #252525;
}
.sort-item:nth-child(3):hover {
  color: #252525;
}
```

```
.sort-item:nth-child(4):hover {
  color: #252525;
}
```

最终的演示效果如图 8-17 所示。

图 8-17　分类项效果图

(3) 设置图片部分，直接插入一张照片，设置其 width 为 95%，height 为 200px，示例代码如下。

HTML 代码部分：

```
<!-- 轮播 -->
  <div class="photo">
    <img src="./新疆.webp" alt="">
  </div>
```

CSS 代码部分：

```
/* 照片部分 */
.photo img {
  width: 95%;
  margin-left: 10px;
  border-radius: 5px;
  height: 200px;
}
```

最终的演示效果如图 8-18 所示。

(4) 设置列表项，通过分析，可以看出列表第一个与第二个布局一致，可设置一套代码使得两个列表项同时使用类名，且通过顶部外间距分割每个项目的间距与轮播图之间的间距，示例代码如下。

HTML 代码部分：

图 8-18　轮播图效果图

```
<!-- 列表项 -->
  <div class="list">
    <div class="list-item1">
      <div class="item-text">
        <text>美丽郑州：百花风采争奇斗艳花满园</text>
        <div class="text-list">
          <div>
            <img src="./博主1.webp" alt="" />
            <text
              ><small><b>美好明天</b></small></text
            >
          </div>
```

```
          <div>
            <img src="./评论.png" alt="" />
            <text><small>788</small></text>
            <img src="./关注.png" alt="" />
            <text><small>788</small></text>
          </div>
        </div>
      </div>
      <div class="item-photo"><img src="./黄河.webp" alt="" /></div>
    </div>
    <hr />
    <div class="list-item2">
      <div class="item-text">
        <text><b>稻城，色达，布达拉宫自驾拼车团游</b></text>
        <div class="text-list">
          <div>
            <img src="./博主二.webp" alt="" />
            <text
              ><small><b>万里无疆</b></small></text
            >
          </div>
          <div>
            <img src="./评论.png" alt="" />
            <text><small>788</small></text>
            <img src="./关注.png" alt="" />
            <text><small>788</small></text>
          </div>
        </div>
      </div>
      <div class="item-photo"><img src="./布达拉宫.webp" alt="" /></div>
    </div>
    <hr />
    <div class="list-item3">
      <div>一曲古乐沁人心脾，园博园中赏传统音律之美！</div>
      <div>
        看惯了城市的喧嚣，不如停下来，静静欣赏难得的休闲时光，您是否也想享受片刻的安宁
      </div>
      <div class="text-list">
        <div>
          <img src="./博主3.webp" alt="" />
          <text
            ><small><b>青春</b></small></text
          >
        </div>
        <div>
          <img src="./评论.png" alt="" />
          <text><small>788</small></text>
          <img src="./关注.png" alt="" />
          <text><small>788</small></text>
        </div>
      </div>
```

```
        </div>
      </div>
    </div>
  </div>
</div>
```

CSS 代码部分:

```css
/* 列表项 */
.list {
  display: flex;
  flex-wrap: wrap;
  overflow: hidden;
}
.list-item1 {
  display: flex;
  width: 100%;
  height: 100px;
  margin-top: 20px;
  justify-content: space-between;
}
.item-photo img {
  width: 120px;
  height: 100px;
  margin-right: 10px;
  border-radius: 5px;
}
.item-text {
  padding: 0 25px 0 0;
  margin-left: 10px;
}

.item-text > text {
  font-size: 17px;
  font-weight: 600;
}
.text-list {
  display: flex;
  padding: 20px 0 0 0;
  justify-content: space-between;
}
.text-list img {
  width: 15px;
  height: 15px;
  border-radius: 50%;
  line-height: 20px;
  vertical-align: middle;
  font-size: 10px;
}
hr {
  margin-top: 15px;
```

```
    width: 90%;
    margin-left: 15px;
    background-color: #dacfcf;
}
.list-item2 {
    display: flex;
    width: 100%;
    height: 100px;
    margin-top: 15px;
    justify-content: space-between;
}
.list-item3 {
    margin-top: 15px;
    margin-left: 10px;
}

.list-item3 > div:nth-child(1) {
    font-weight: 700;
}
.list-item3 > div:nth-child(2) {
    font-size: 13px;
    color: #5a5353;
    padding-top: 10px;
    width: 90%;
}
.list-item3 .text-list {
    margin-right: 15px;
}
```

最终的演示效果如图 8-19 所示。

图 8-19　列表项效果图

3. tabbar 设置

最后一步设置底部导航栏，简称"页尾"，底部导航栏与顶部导航栏都要是固定高度，其余部分用弹性元素撑开，可以实现屏幕缩放时底部也会固定在屏幕下方永久显示的效果。示例代码如下。

HTML 代码部分：

```html
<!-- 页尾 -->
  <div class="tabbar">
    <div>
        <div class="tabbar-photo">
        <img src="./shouye.png" alt="">
        </div>
        <div>首页</div>
    </div>

    <div>
        <div class="tabbar-photo">
            <img src="./讨论.png" alt="">
```

```
            </div>
            <div>讨论</div>
        </div>

        <div>
            <div class="tabbar-photo">
                <img src="./我的.png" alt="">
            </div>
            <div>我的</div>
        </div>
    </div>
</div>
```

CSS 代码部分：

```
/* 页尾 */
    .tabbar {
        display: flex;
        justify-content: space-around;
        width: 100%;
        height: 50px;
        text-align: center;
        margin-bottom: 0;
    }
    .tabbar-photo img{
        width: 20px;
        height: 20px;
    }
```

最终的演示效果如图 8-20 所示。

附带的完整代码如下：

图 8-20   tabbar 效果图

```
<!DOCTYPE html>
<html lang="en">
  <head>
    <meta charset="UTF-8" />
    <meta http-equiv="X-UA-Compatible" content="IE=edge" />
    <meta name="viewport" content="width=device-width, initial-scale=1.0" />
    <title>城市旅游</title>
    <style>
      /* 在进行项目书写样式时，第一步要清除边距 */
      * {
        padding: 0;
        margin: 0;
      }

      html,
      body {
        height: 100%;
      }
```

```css
.complete {
  display: flex;
  height: 100%;
  flex-direction: column;
}

/* 内容部分 */
.container {
  flex: 1;
  overflow: hidden;
}
.container > div {
  overflow: auto;
  height: 100%;
}
/* 搜索框 */
[type="text"] {
  margin-top: 10px;
  margin-left: 10px;
  text-align: center;
  width: 95%;
  height: 40px;
  border: 1px;
  border-radius: 5px;
  outline: none;
  background-image: url(./搜索.png);
  background-repeat: no-repeat;
  background-size: 30px 30px;
  background-position: 2px;
  background-color: #f2f2f2;
  color: #c0b7b7;
}
/* 分类项 */
.sort {
  display: flex;
  justify-content: center;
  opacity: 1;
}
.sort-item {
  width: 40px;
  height: 40px;
  padding: 5px 25px 0 25px;
  text-align: center;
  line-height: 40px;
  color: #c0b7b7;
}
.sort-item:nth-child(1) {
  color: #252525;
}
.sort-item:nth-child(1):hover {
```

```
    color: #252525;
  }
.sort-item:nth-child(2):hover {
  color: #252525;
  }
.sort-item:nth-child(3):hover {
  color: #252525;
  }
.sort-item:nth-child(4):hover {
  color: #252525;
  }
/* 照片部分 */
.photo img {
  width: 95%;
  margin-left: 10px;
  border-radius: 5px;
  height: 200px;
  }
/* 列表项 */
.list {
  display: flex;
  flex-wrap: wrap;
  overflow: hidden;
  }
.list-item1 {
  display: flex;
  width: 100%;
  height: 100px;
  margin-top: 20px;
  justify-content: space-between;
  }
.item-photo img {
  width: 120px;
  height: 100px;
  margin-right: 10px;
  border-radius: 5px;
  }
.item-text {
  padding: 0 25px 0 0;
  margin-left: 10px;
  }

.item-text > text {
  font-size: 17px;
  font-weight: 600;
  }
.text-list {
  display: flex;
  padding: 20px 0 0 0;
  justify-content: space-between;
```

```
}
.text-list img {
  width: 15px;
  height: 15px;
  border-radius: 50%;
  line-height: 20px;
  vertical-align: middle;
  font-size: 10px;
}
hr {
  margin-top: 15px;
  width: 90%;
  margin-left: 15px;
  background-color: #dacfcf;
}
.list-item2 {
  display: flex;
  width: 100%;
  height: 100px;
  margin-top: 15px;
  justify-content: space-between;
}
.list-item3 {
  margin-top: 15px;
  margin-left: 10px;
}


.list-item3 > div:nth-child(1) {
  font-weight: 700;
}
.list-item3 > div:nth-child(2) {
  font-size: 13px;
  color: #5a5353;
  padding-top: 10px;
  width: 90%;
}
.list-item3 .text-list {
  margin-right: 15px;
}
/* 页尾 */
.tabbar {
  display: flex;
  justify-content: space-around;
  width: 100%;
  height: 50px;
  text-align: center;
  margin-bottom: 0;
}
.tabbar-photo img {
  width: 20px;
```

```
      height: 20px;
    }
  </style>
</head>
<body>
  <div class="complete">
    <!-- 内容部分 -->
    <div class="container">
      <div>
        <!-- 搜索框 -->
        <div class="search">
          <input type="text" placeholder="请输入帖子或用户" />
        </div>
        <!-- 分类项 -->
        <div class="sort">
          <div class="sort-item">热门</div>
          <div class="sort-item">生活</div>
          <div class="sort-item">城市</div>
          <div class="sort-item">时政</div>
        </div>
        <!-- 照片 -->
        <div class="photo">
          <img src="./新疆.webp" alt="" />
        </div>
        <!-- 列表项 -->
        <div class="list">
          <div class="list-item1">
            <div class="item-text">
              <text>美丽郑州：百花风采争奇斗艳花满园</text>
              <div class="text-list">
                <div>
                  <img src="./博主1.webp" alt="" />
                  <text
                    ><small><b>美好明天</b></small></text
                  >
                </div>
                <div>
                  <img src="./评论.png" alt="" />
                  <text><small>788</small></text>
                  <img src="./关注.png" alt="" />
                  <text><small>788</small></text>
                </div>
              </div>
            </div>
            <div class="item-photo"><img src="./黄河.webp" alt="" /></div>
          </div>
          <hr />
          <div class="list-item2">
            <div class="item-text">
              <text><b>稻城，色达，布达拉宫自驾拼车团游</b></text>
```

```html
        <div class="text-list">
          <div>
            <img src="./博主二.webp" alt="" />
            <text><small><b>万里无疆</b></small></text>
          </div>
          <div>
            <img src="./评论.png" alt="" />
            <text><small>788</small></text>
            <img src="./关注.png" alt="" />
            <text><small>788</small></text>
          </div>
        </div>
      </div>
      <div class="item-photo"><img src="./布达拉宫.webp" alt="" /></div>
    </div>
    <hr />
    <div class="list-item3">
      <div>一曲古乐沁人心脾，园博园中赏传统音律之美!</div>
      <div>
        看惯了城市的喧嚣，不如停下来，静静欣赏难得的休闲时光，您是否也想享受片刻的安宁
      </div>
      <div class="text-list">
        <div>
          <img src="./博主3.webp" alt="" />
          <text><small><b>青春</b></small></text>
        </div>
        <div>
          <img src="./评论.png" alt="" />
          <text><small>788</small></text>
          <img src="./关注.png" alt="" />
          <text><small>788</small></text>
        </div>
      </div>
    </div>
  </div>
</div>
</div>

<!-- 页尾 -->
<div class="tabbar">
  <div>
    <div class="tabbar-photo">
      <img src="./shouye.png" alt="" />
    </div>
    <div>首页</div>
  </div>
  <div>
    <div class="tabbar-photo">
      <img src="./讨论.png" alt="" />
    </div>
```

```
      <div>讨论</div>
    </div>
    <div>
      <div class="tabbar-photo">
        <img src="./我的.png" alt="" />
      </div>
      <div>我的</div>
    </div>
   </div>
  </div>
 </body>
</html>
```

8.5 本章练习

一、选择题

1. 设置容器为弹性盒子的元素是( )。

   A. display：flex   B. display：inline   C. display：block   D. display：none

2. 弹性盒子中 flex-wrap 属性的换行属性值是( )。

   A. none   B. wrap   C. flex   D. nowrap

3. flex-direction 属性的值( )是从下到上排列的。

   A. row   B. column-reverse   C. row-reverse   D. column

4. ( )是 flex 项目放大属性。

   A. flex-grow   B. order   C. flex   D. flex-shrink

5. flex 定义多个项目多根轴线的对齐方式是( )。

   A. align-items   B. justify-content   C. flex-direction   D. align-content

二、简答题

利用弹性属性制作一个移动端页面，内容包含搜索框、轮播图、列表内容、tabbar 底部，导航风格不限。

第 9 章

网 格 布 局

网格是一组相交的水平线和垂直线，它定义了网格的列和行。CSS 提供了一个基于网格的布局系统，带有行和列，可以让开发者更轻松地设计网页，而无需使用浮动和定位属性。

本章学习目标

◎ 利用网格属性切割成很多行、列，形成一个个网格，从而对这些网格进行规则性的排序，达到所要的复杂的页面布局效果。

9.1 网格 grid 基础

grid 布局是一种二维网格布局，有行和列的概念，可用于布局页面主要的区域或小型组件。

9.1.1　display: grid 定义网格布局

借助例子来讲，使用 display:grid 属性可以定义一个网格布局形式，并且在没有设置每个子元素的宽、高时，子元素会平分铺满整个父元素。示例代码如下。

未使用 display:grid 属性时：

```
<!DOCTYPE html>
<html lang="en">
<head>
    <meta charset="UTF-8">
    <meta http-equiv="X-UA-Compatible" content="IE=edge">
    <meta name="viewport" content="width=device-width, initial-scale=1.0">
    <title>Document</title>
</head>
<style>
```

```
    .box{
      width: 800px;
      height: 200px;
      color: rgb(157, 153, 153);
      border: 5px solid black;
      margin: auto;
    }
    .item-1, .item-3, .item-5, .item-7, .item-9{
      background-color: black;
    }
    .item-2, .item-4, .item-6, .item-8{
      background-color: white;
    }
</style>
<body>
    <div class="box">
      <div class="item-1">1</div>
      <div class="item-2">2</div>
      <div class="item-3">3</div>
      <div class="item-4">4</div>
      <div class="item-5">5</div>
      <div class="item-6">6</div>
      <div class="item-7">7</div>
      <div class="item-8">8</div>
      <div class="item-9">9</div>
    </div>
</body>
</html>
```

最终的展示效果如图 9-1 所示。

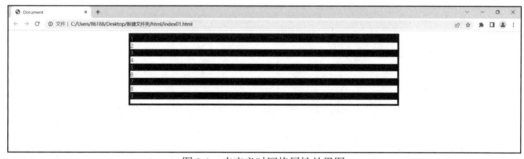

图 9-1　未定义时网格属性效果图

定义网格属性 display:grid 属性时：

```
<style>
    .box{
      display: grid;/* 设置网格布局 */
      width: 800px;
      height: 200px;
      color: rgb(157, 153, 153);
      border: 5px solid black;
      margin: auto;
    }
    .item-1, .item-3, .item-5, .item-7, .item-9{
```

```
        background-color: black;
    }
    .item-2, .item-4, .item-6, .item-8{
        background-color: white;
    }
</style>
```

最终的展示效果如图 9-2 所示。

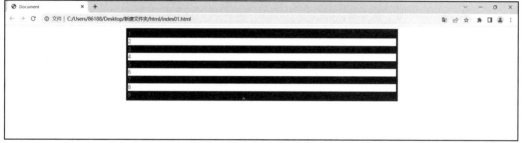

图 9-2　定义网格属性效果图

9.1.2　grid 宽与高的设置

设置宽高的通常计量单位有(px、cm、mm、rem、em、px)，在网格布局中可以使用单位 repeat(数量，行高)统一设置某一行或列的宽高。示例代码如下。

```
<!DOCTYPE html>
<html lang="en">
  <head>
    <meta charset="UTF-8" />
    <meta http-equiv="X-UA-Compatible" content="IE=edge" />
    <meta name="viewport" content="width=device-width, initial-scale=1.0" />
    <title>Document</title>
  </head>
  <style>
    .box {
      display: grid;
      width: 800px;
      height: 600px;
      color: rgb(157, 153, 153);
      border: 5px solid black;
      margin: auto;
      grid-template-columns: repeat(3,150px);
      grid-template-rows: repeat(3,150px);
    }
    .item {
      background-color: black;
    }
    .item-1 {
      background-color: black;
    }
    .item-2 {
      background-color: white;
    }
    .item-3 {
```

```
    background-color: black;
    }
    .item-4 {
      background-color: white;
    }
    .item-5 {
      background-color: black;
    }
    .item-6 {
      background-color: white;
    }
    .item-7 {
      background-color: black;
    }
    .item-8 {
      background-color: white;
    }
    .item-9 {
      background-color: black;
    }
  </style>
  <body>
    <div class="box">
      <div class="item">1</div>
      <div class="item-2">2</div>
      <div class="item-3">3</div>
      <div class="item-4">4</div>
      <div class="item-5">5</div>
      <div class="item-6">6</div>
      <div class="item-7">7</div>
      <div class="item-8">8</div>
      <div class="item-9">9</div>
    </div>
  </body>
</html>
```

最终的展示效果如图 9-3 所示。

图 9-3　设置网格属性宽高效果图

除了上述的 repeat 关键字，还有 auto-fill，表示自动填充，让一行(或者一列)中尽可能地容纳更多的单元格，示例代码如下。

```
<style>
grid-template-columns: repeat(auto-fill, 100px)
</style>
```

上述代码表示列宽是 100 px，但列的数量不固定，只要浏览器能够容纳得下，就可以放置元素。

(1) fr 片段，为了方便表示比例关系。示例代码如下。

```
<style>
grid-template-columns: 100px 1fr 2fr.
</style>
```

上述代码表示第一个列宽设置为 100px，后面剩余的宽度分为两部分，宽度分别为剩余宽度的 1/3 和 2/3。

(2) minmax：表示长度在这个范围之中都可以应用到网格项目当中。第一个参数就是最小值，第二个参数就是最大值，示例代码如下。

```
<style>
minmax(100px, 2fr)
</style>
```

上述代码表示列宽不小于 100px，不大于 2fr。

(3) auto：由浏览器自己决定长度，示例代码如下。

```
<style>
grid-template-columns: 200px auto 200px
</style>
```

上述代码表示第一、第三列为 200px，中间由浏览器决定其长度。

9.1.3 子元素在容器中的排列位置

网格属性的排列方向有两种：水平方向 (justify-content)及垂直方向(align-content)，具体效果与第 8 章弹性盒子布局相同，有 7 个属性值，分别为 start(初始排列，默认属性)、end(末尾排列)、center(居中排列)、space-around(每个行和列都均匀排列每个元素，每个元素周围分配相同的空间)、space-between(每个行和列都均匀排列，每个元素首个元素放置起始，末尾元素放置于末尾)、space-evenly(每个行和列都均匀排列，每个元素之间的间隔相等)、stretch(每个行和列都均匀排列，每个元素会被拉伸以适应容器的大小)。在本章不作为重点讲解，具体依表 9-1 所示的内容以及演示排列效果呈现。

表 9-1　主轴方向排列常用属性表

属性名	作用
start	将网格对齐到网格容器的起始边缘
end	将网格对齐到网格容器的结束边缘

(续表)

属性名	作用
center	将网格对齐到居中位置
stretch	没有指定项目大小时，拉伸占据整个网格容器
space-around	每个项目两侧的间隔相等，项目之间的间隔比项目与容器边框的间隔大一倍
space-between	项目与项目的间隔相等，项目与容器边框之间没有间隔
space-evenly	项目与项目的间隔相等，项目与容器边框之间也是同样长度的间隔

1. start 属性值排列

当给上父元素 justify-content：start、align-content：start 两个属性值时，最终的展示效果如图 9-4 所示。

2. end 属性值排列

当给上父元素 justify-content：end、align-content：end 两个属性值时，最终的展示效果如图 9-5 所示。

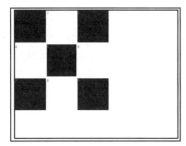

图 9-4　设置 start 属性值排列属性效果图

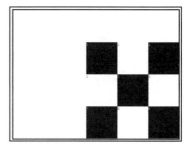

图 9-5　设置 end 属性值排列属性效果图

3. center 属性值排列

当给上父元素 justify-content：center、align-content：center 两个属性值时，最终的展示效果如图 9-6 所示。

4. space-around 属性值排列

当给上父元素 justify-content：space-around、align-content：space-around 两个属性值时，最终的展示效果如图 9-7 所示。

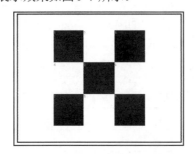

图 9-6　设置 center 属性值排列属性效果图

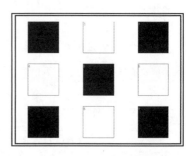

图 9-7　设置 space-around 属性值排列属性效果图

5. space-between 属性值排列

当给上父元素 justify-content：space-between、align-content：space-between 两个属性值时，最终的展示效果如图 9-8 所示。

6. space-evenly 属性值排列

当给上父元素 justify-content：space-evenly、align-content：space-evenly 两个属性值时，最终的展示效果如图 9-9 所示。

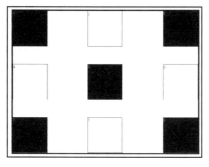 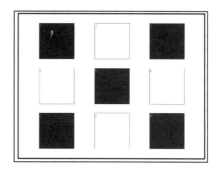

图 9-8 设置 space-between 属性值排列属性效果图 图 9-9 设置 space-evenly 属性值排列属性效果图

7. stretch 属性值排列

当给上父元素 justify-content：stretch、align-content：stretch 两个属性值时，最终的展示效果如图 9-10 所示。

图 9-10 设置 stretch 属性值排列属性效果图

9.2 网格 grid 属性

grid 布局是将容器划分成"行"和"列"，产生单元格，然后指定"项目所在"的单元格，可以看作是二维布局。

9.2.1 网格行、网格列

grid-template-columns 将设置列宽，grid-template-rows 将设置行宽，示例代码如下。
行与行之间的占比：

```html
<!DOCTYPE html>
<html lang="en">
  <head>
    <meta charset="UTF-8" />
    <meta http-equiv="X-UA-Compatible" content="IE=edge" />
    <meta name="viewport" content="width=device-width, initial-scale=1.0" />
    <title>Document</title>
  </head>
  <style>
    .box {
      display: grid;
      width: 800px;
      height: 600px;
      color: rgb(157, 153, 153);
      border: 5px solid black;
      margin: auto;
      grid-template-columns: repeat(3,150px);
    }
    .item {

      border: 1px solid white;
      background-color: black;
    }
    .item-1 {
      border: 1px solid white;
      background-color: black;
    }
    .item-2 {
      background-color: white;
      border: 1px solid black;
    }
    .item-3 {
        border: 1px solid white;
      background-color: black;
    }
    .item-4 {
      background-color: white;
      border: 1px solid black;
    }
    .item-5 {
        border: 1px solid white;
      background-color: black;
    }
    .item-6 {
      background-color: white;
      border: 1px solid black;
    }
    .item-7 {
        border: 1px solid white;
```

```
      background-color: black;
    }
    .item-8 {
      background-color: white;
      border: 1px solid black;
    }
    .item-9 {
        border: 1px solid white;
      background-color: black;
    }
  </style>
  <body>
    <div class="box">
      <div class="item">1</div>
      <div class="item-2">2</div>
      <div class="item-3">3</div>
      <div class="item-4">4</div>
      <div class="item-5">5</div>
      <div class="item-6">6</div>
      <div class="item-7">7</div>
      <div class="item-8">8</div>
      <div class="item-9">9</div>
    </div>
  </body>
</html>
```

最终的展示效果如图 9-11 所示。

图 9-11　设置行与行排列效果图

列与列之间的占比：

```
<!DOCTYPE html>
<html lang="en">
  <head>
    <meta charset="UTF-8" />
    <meta http-equiv="X-UA-Compatible" content="IE=edge" />
    <meta name="viewport" content="width=device-width, initial-scale=1.0" />
    <title>Document</title>
  </head>
  <style>
    .box {
```

```
    display: grid;
    width: 800px;
    height: 600px;
    color: rgb(157, 153, 153);
    border: 5px solid black;
    margin: auto;
    grid-template-rows: repeat(3,150px);
  }
  .item {
    grid-row-start:1;
    grid-row-end: 3;
    border: 1px solid white;
    background-color: black;
  }
  .item-1 {

    border: 1px solid white;
    background-color: black;
  }
  .item-2 {
    background-color: white;
    border: 1px solid black;
  }
  .item-3 {
    border: 1px solid white;
    background-color: black;
  }
  .item-4 {
    background-color: white;
    border: 1px solid black;
  }
  .item-5 {
    border: 1px solid white;
    background-color: black;
  }
  .item-6 {
    background-color: white;
    border: 1px solid black;
  }
  .item-7 {
    border: 1px solid white;
    background-color: black;
  }
  .item-8 {
    background-color: white;
    border: 1px solid black;
  }
  .item-9 {
    border: 1px solid white;
    background-color: black;
  }
</style>
<body>
  <div class="box">
    <div class="item">1</div>
```

```
    <div class="item-2">2</div>
    <div class="item-3">3</div>
    <div class="item-4">4</div>
    <div class="item-5">5</div>
    <div class="item-6">6</div>
    <div class="item-7">7</div>
    <div class="item-8">8</div>
    <div class="item-9">9</div>
  </div>
 </body>
</html>
```

最终的展示效果如图 9-12 所示。

图 9-12　设置列与列排列效果图

9.2.2　网格间距

grid-column-gap 属性定义了列之间的网格间距，在项目中遇到 grid-gap 属性时，它的作用和 grid-column-gap 一致，可以理解为 grid-gap 属性是 grid-column-gap 属性的简称。示例代码如下。

```
<!DOCTYPE html>
<html lang="en">
 <head>
   <meta charset="UTF-8" />
   <meta http-equiv="X-UA-Compatible" content="IE=edge" />
   <meta name="viewport" content="width=device-width, initial-scale=1.0" />
   <title>Document</title>
 </head>
 <style>
   .box {
     display: grid;
     width: 800px;
     height: 600px;
     color: rgb(157, 153, 153);
     border: 5px solid black;
     margin: auto;
     grid-template-columns: repeat(3,150px);
     grid-template-rows: repeat(3,150px);
      /* 设置每一列的间距 */
```

```
      grid-column-gap: 20px;
      justify-content: start;
    }
    .item {
      background-color: black;
    }
    .item-1 {
      background-color: black;
    }
    .item-2 {
      background-color: white;
      border: 1px solid black;
    }
    .item-3 {
      background-color: black;
    }
    .item-4 {
      background-color: white;
      border: 1px solid black;
    }
    .item-5 {
      background-color: black;
    }
    .item-6 {
      background-color: white;
      border: 1px solid black;
    }
    .item-7 {
      background-color: black;
    }
    .item-8 {
      background-color: white;
      border: 1px solid black;
    }
    .item-9 {
      background-color: black;
    }
  </style>
  <body>
    <div class="box">
      <div class="item">1</div>
      <div class="item-2">2</div>
      <div class="item-3">3</div>
      <div class="item-4">4</div>
      <div class="item-5">5</div>
      <div class="item-6">6</div>
      <div class="item-7">7</div>
      <div class="item-8">8</div>
      <div class="item-9">9</div>
    </div>
  </body>
</html>
```

最终的展示效果如图 9-13 所示。

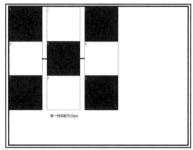

图 9-13　设置网格间距属性效果图

9.2.3　网格线

在网格属性中，grid-column-start、grid-column-end、grid-row-start、grid-row-end、span n(跨域 n 个网格线)等属性的作用是设置项目中需要的网格线，也可以简写为 grid-column、grid-row。示例代码如下。

```
<style>
   #box{
      display: grid;
      grid-template-columns: 100px 100px 100px;
      grid-template-rows: 100px 100px 100px;
   }
   .item-1 {
      grid-column-start: 2;
      grid-column-end: 4;
   }
</style>

<div id="box">
   <div class="item item-1">1</div>
   <div class="item item-2">2</div>
   <div class="item item-3">3</div>
</div>
```

通过设置 grid-column 属性，指定第一个子盒子左边框是第二根垂直网格线，右边框是第四根垂直网格线。

9.2.4　网格区域

网格区域是指在网格布局中由一个或者多个网格单元格组成的一个矩形区域。两种情况下会创建网格区域：使用网格线(如：grid-column-start、grid-column-end、grid-row-start、grid-row-end 等)指定网格区域，使用 grid-area。grid-area 是一种对于 grid-row-start、grid-column-start、grid-row-end 和 grid-column-end 的使用命名的网格区域(如：grid-area: a)，定义一个 item 的区域命名为 a，然后使用 grid-template-areas 放置 a 的位置。示例代码如下。

```
.box{
  display: grid;
  grid-template-columns: 100px 100px 100px;
```

```
    grid-template-rows: 100px 100px 100px;
    grid-template-areas: 'a b c'
                 'd e f'
                 'g h i';
}
```

上面代码先划分出 9 个单元格，然后将其定名为 a 到 i 的 9 个区域，分别对应这 9 个单元格。多个单元格合并成一个区域，示例代码如下。

```
grid-template-areas: 'a a a'
             'b b b'
             'c c c';
```

9.3 项目实战

利用所学 grid 网格布局属性实现一个案例，效果如图 9-14 所示。

图 9-14　网格布局实战效果图

1. 页面结构

第一步按照图 9-14 所示，把项目分为 9 个区域，结构如下代码所示。

```
<div class="box">
    <h2 class="box-title">热门榜单</h2>
    <div class="box-grid">
      <div class="grid-item1">
      </div>
      <div class="grid-item2">
      </div>
      <div class="grid-item3">
      </div>
      <div class="grid-item4">
      </div>
      <div class="grid-item5">
      </div>
```

```
        <div class="grid-item6">
        </div>
        <div class="grid-item7">
        </div>
    </div>
    <div class="box-page">
    <span>1</span>
    <a href="">2</a>
    <a href="">3</a>
    </div>
</div>
```

2. 编辑样式

第二步，编辑样式，首先设置 grid 网格布局以及划分为三列四行内容，再加上网格间距，最后添加网格指定区域，项目的初步结构就成型了，示例代码如下。

```
<style>
    *{
        padding: 0;
        margin: 0;
    }
    .box{
        width: 300px;
        height: 400px;
    }
    .box .box-title {
        font-size: 14px;
        color: #4a4a4a;
        height: 30px;
        margin-left:55px ;
        line-height: 30px;
    }
    .box .box-grid {
        display: grid;
        width: 280px;
        height: 352px;
        margin: 0 auto;
        margin-left: 55px;
        grid-template-columns: repeat(3, 1fr);
        grid-template-rows: repeat(4, 1fr);
        grid-template-areas:
            "c1 c2 c2"
            "c3 c2 c2"
            "c4 c4 c5"
            "c6 c7 c7";
        grid-column-gap: 8px;
        grid-row-gap: 8px;
    }

    .box .box-grid .grid-item1 {
        grid-area: c1;
        background-image:linear-gradient(#176fe7 , #35adf6);
        border: 1px solid #259ada;
    }
```

```
   .box .box-grid .grid-item2 {
     grid-area: c2;
     background-image:linear-gradient(#176fe7 , #35adf6);
     border: 1px solid #259ada;
   }
   .box .box-grid .grid-item3 {
     grid-area: c3;
     background-image: linear-gradient(#f3345c , #ff6bad);
     border: 1px solid #d92063;
   }
   .box .box-grid .grid-item4 {
     grid-area: c4;
     background-image:linear-gradient(#176fe7 , #35adf6);
     border: 1px solid #259ada;
   }
   .box .box-grid .grid-item5 {
     grid-area: c5;
     background-image:linear-gradient(#176fe7 , #35adf6);
     border: 1px solid #259ada;
   }
   .box .box-grid .grid-item6 {
     grid-area: c6;
     background-image:linear-gradient(#d26300 , #e9ac1b);
     border: 1px solid #cf985a;
   }
   .box .box-grid .grid-item7 {
     grid-area: c7;
     background-image:linear-gradient(#d26300 , #e9ac1b);
     border: 1px solid #cf985a;
   }
</style>
```

3. 细化内容

第三步，添加内容，这里采用<a>标签、<span>标签、标题标签<h3>。示例代码如下。

```
<body>
  <div class="box">
    <h2 class="box-title">热门榜单</h2>
    <div class="box-grid">
      <div class="grid-item1">
        <a href="#">
          <h3 class="item-list">热门更新</h3>
        </a>
        <p>中国风</p>
      </div>
      <div class="grid-item2">
        <a href="#">
          <h3 class="item-list">热门更新</h3>
        </a>
        <p>中国古都，神采飞扬</p>
      </div>
      <div class="grid-item3">
        <a href="#">
          <h3 class="item-list">热门更新</h3>
```

```
        </a>
        <p>美丽中国</p>
      </div>
      <div class="grid-item4">
        <a href="#">
          <h3 class="item-list">热门更新</h3>
        </a>
        <p>最美地区评比</p>
      </div>
      <div class="grid-item5">
        <a href="#">
          <h3 class="item-list">热门更新</h3>
        </a>
        <p>旅游那些事</p>
      </div>
      <div class="grid-item6">
        <a href="#">
          <h3 class="item-list">热门更新</h3>
        </a>
        <p>地区特色</p>
      </div>
      <div class="grid-item7">
        <a href="#">
          <h3 class="item-list">热门更新</h3>
        </a>
        <p>地区文化</p>
      </div>
    </div>
    <div class="box-page">
      <span>1</span>
      <a href="">2</a>
      <a href="">3</a>
    </div>
  </div>
</body>
```

4. 美化样式

第四步，对内容添加样式，取消<a>标签的默认样式，增加边距与浮动美化样式。示例代码如下。

```
<style>
a{
    text-decoration: none;
    color: #000;
  }
  p{
    margin-top: 10px;
    font-size: 12px;
    text-align: center;
  }

  .box .box-page{
    float: right;
```

```
      font-size: 12px;
      margin-top: 7px;
      margin-right: -35px;
      }
      .box .box-page a{
      border:1px solid #ccc;
      padding: 4px 4px;
      display: block;
      float: left;
      margin-left: 2px;
      }
      .box .box-page span{
      padding: 5px 3px;
      display: block;
      float: left;
      margin-left: 2px;
      }
</style>
```

最后呈现的项目结果如图 9-15 所示。

图 9-15　最后的项目结果

附项目源码：

```
<!DOCTYPE html>
<html lang="en">
  <head>
    <meta charset="UTF-8" />
    <meta http-equiv="X-UA-Compatible" content="IE=edge" />
    <meta name="viewport" content="width=device-width, initial-scale=1.0" />
    <title>Document</title>
    <style>
      *{
        padding: 0;
        margin: 0;
      }
```

```css
.box{
  width: 300px;
  height: 400px;
}
.box .box-title {
  font-size: 14px;
  color: #4a4a4a;
  height: 30px;
  margin-left:55px ;
  line-height: 30px;
}
.box .box-grid {
  display: grid;
  width: 280px;
  height: 352px;
  margin: 0 auto;
  margin-left: 55px;
  grid-template-columns: repeat(3, 1fr);
  grid-template-rows: repeat(4, 1fr);
  grid-template-areas:
    "c1 c2 c2"
    "c3 c2 c2"
    "c4 c4 c5"
    "c6 c7 c7";
  grid-column-gap: 8px;
  grid-row-gap: 8px;
}

.box .box-grid .grid-item1 {
  grid-area: c1;
  background-image:linear-gradient(#176fe7 , #35adf6);
  border: 1px solid #259ada;
}
.box .box-grid .grid-item2 {
  grid-area: c2;
  background-image:linear-gradient(#176fe7 , #35adf6);
  border: 1px solid #259ada;
}
.box .box-grid .grid-item3 {
  grid-area: c3;
  background-image: linear-gradient(#f3345c , #ff6bad);
  border: 1px solid #d92063;
}
.box .box-grid .grid-item4 {
  grid-area: c4;
  background-image:linear-gradient(#176fe7 , #35adf6);
  border: 1px solid #259ada;
}
.box .box-grid .grid-item5 {
  grid-area: c5;
  background-image:linear-gradient(#176fe7 , #35adf6);
  border: 1px solid #259ada;
}
.box .box-grid .grid-item6 {
  grid-area: c6;
```

```
        background-image:linear-gradient(#d26300 , #e9ac1b);
        border: 1px solid #cf985a;
      }
      .box .box-grid .grid-item7 {
        grid-area: c7;
        background-image:linear-gradient(#d26300 , #e9ac1b);
        border: 1px solid #cf985a;
      }
      a{
        text-decoration: none;
        color: #000;
      }
      p{
        margin-top: 10px;
        font-size: 12px;
        text-align: center;
      }

      .box .box-page{
        float: right;
        font-size: 12px;
        margin-top: 7px;
        margin-right: -35px;
      }
      .box .box-page a{
        border:1px solid #ccc;
        padding: 4px 4px;
        display: block;
        float: left;
        margin-left: 2px;
      }
      .box .box-page span{
        padding: 5px 3px;
        display: block;
        float: left;
        margin-left: 2px;
      }
    </style>
</head>

<body>
  <div class="box">
    <h2 class="box-title">热门榜单</h2>
    <div class="box-grid">
      <div class="grid-item1">
        <a href="#">
          <h3 class="item-list">热门更新</h3>
        </a>
        <p>中国风</p>
      </div>
      <div class="grid-item2">
        <a href="#">
          <h3 class="item-list">热门更新</h3>
        </a>
        <p>中国古都，神采飞扬</p>
```

```
      </div>
      <div class="grid-item3">
        <a href="#">
          <h3 class="item-list">热门更新</h3>
        </a>
        <p>美丽中国</p>
      </div>
      <div class="grid-item4">
        <a href="#">
          <h3 class="item-list">热门更新</h3>
        </a>
        <p>最美地区评比</p>
      </div>
      <div class="grid-item5">
        <a href="#">
          <h3 class="item-list">热门更新</h3>
        </a>
        <p>旅游那些事</p>
      </div>
      <div class="grid-item6">
        <a href="#">
          <h3 class="item-list">热门更新</h3>
        </a>
        <p>地区特色</p>
      </div>
      <div class="grid-item7">
        <a href="#">
          <h3 class="item-list">热门更新</h3>
        </a>
        <p>地区文化</p>
      </div>
    </div>
    <div class="box-page">
      <span>1</span>
      <a href="">2</a>
      <a href="">3</a>
    </div>
  </div>
  </body>
</html>
```

9.4 本章练习

一、选择题

1. 设置网格布局属性的是(   )。

    A. display:flex   B. display:grid   C. display:block   D. display:inline

2. 利用(　　)增加网格行间距。

    A. grid-column-gap   B. grid-row-gap

    C. grid-template-rows   D. grid-column-end

3. (　　)设置网格区域属性。

    A. grid-template-areas   B. grid-column-end

    C. grid-template-columns   D. grid-row-start

4. 利用(　　)设置网格行属性。

    A. grid-row-end   B. grid-template-columns

    C. grid-template-rows   D. grid-area

5. (　　)指定网格线属性。

    A. grid-template-columns   B. grid-template-rows

    C. grid-template-areas   D. grid-column-start

二、简答题

在一个块级容器中需包含大小不一的六个块级容器，保证子容器颜色不一致且每个块级至少含有一行内容。

第 10 章

响应式布局

响应式布局是目前的市场发展趋势,移动设备的问世已经决定了网站开发不再是单纯的 PC 端,而是通过响应式布局使 PC 端与移动端共存,所以响应式布局是大势所趋也是情理之中。

本章学习目标

◎ 利用响应式布局中媒体查询的概念及用法,完成各种终端屏幕的适配,完成一个页面到多个页面的转变。

10.1 响应式 Web 基础

响应式 Web 开发是设计网站过程中时产生的一种新型布局方式,它存在的目的就是为了能够使内容(无论是在 PC 端还是移动端)都能正常显示。再详细点说,这种设计概念就是让原本宽 1960px 的页面能够很好地显示在宽 750px 的用户屏幕上,并且内容不会丢失,布局也不会错乱。这种新型的设计被称为"响应式 Web 设计"。

浏览器按照设备类型来划分,主要包括 PC 端浏览器和移动端浏览器。

1. PC 端浏览器

PC 端的浏览器主要包括 Google(谷歌)公司的 Chrome 浏览器、Mozilla 公司的 Firefox 浏览器、Microsoft(微软)公司的 Edge 浏览器等。

浏览器内核主要包括 Blink、WebKit 和 Trident 等。

2. 移动端的浏览器

移动端浏览器包括 Android Browser、Mobile Safari 及国产浏览器。

浏览器的内核主要是 Webkit 内核，它对 HTML5 提供了很好的支持。国产浏览器主要包括 UC 浏览器、QQ 浏览器和百度浏览器等。

移动端 Web 项目的呈现依赖于移动端浏览器。

3. 私有前缀浏览器属性

在浏览器样式中存在一些特殊属性，浏览器本身也有自己的专有样式符号，例如，谷歌浏览器私有前缀是 -webkit-，IE 浏览器私有前缀是-ms-，火狐浏览器私有前缀是-moz-等。在书写 CSS 样式时看要求使用浏览器私有前缀即可。

10.2 媒体查询

媒体查询(media query)是 CSS3 新语法。通常在已关联的样式表(css)中以@media 开头，作用于不同的媒体类型可以定义不同的样式，解决了不同屏幕尺寸样式的设置。当用户重置浏览器页面大小时，页面会根据浏览器的宽度和高度重新排版渲染页面结构。目前在日常生活中所使用的手机平板等设备都会用到媒体查询。

10.2.1 视口

视口(viewport)最早是由苹果公司在推出 iPhone 手机时提出的，其目的是为了让 iPhone 的小屏幕尽可能完整显示整个网页，它是浏览器显示页面内容的屏幕区域。

视口主要包括布局视口(layout viewport)、视觉视口(visual viewport)和理想视口(ideal viewport)。简而言之，理想视口就是布局视口与视觉视口一致，能够把网页的所有内容整屏显示。

10.2.2 媒体查询属性语法

媒体查询类似于栅格系统，在屏幕不同分辨率下呈现不同的样式布局，其结构如下代码所示。

```
<style>
@media mediaType and (media feather) {
        选择器 {
            属性名: 属性值
        }
    }
</style>
```

多个条件:

```
<style>
  @media mediaType and (media feather) and (media feather){
        选择器 {
            属性名: 属性值
        }
```

```
    }
  </style>
```

在这里注意书写格式以@media开头，还有要注意的mediaType(设备类型)、media feather(媒体特性表达式)。设备类型通常有all(所有的多媒体设备)、print(打印机或打印预览)、screen(电脑屏幕)、平板电脑、智能手机等、speech(屏幕阅读器)等发声设备。媒体特性表通常有width(浏览器的宽度)、height(浏览器的高度)、max-width(最大宽度)、min-width(最小宽度)、device-width(设备宽度)、device-height(设备高度)、min-device-width(最小设备宽度)。

10.2.3 媒体查询注意事项

(1) 使用媒体查询链接不同的CSS文件。
外联式：

```
//通过mdeia指定媒体类型来实现区别引入css文件
<link rel="stylesheet" href="./css/index.css" media="screen">

//通过mdeia指定媒体类型及条件来区别引入css文件
<link rel="stylesheet" href="./css/index.css" media="screen and (min-width:300px)">
```

内联式：

```
//通过mdeia指定媒体类型来实现区别当前style是否生效
<style media="screen">
  body{
    background-color: antiquewhite;
  }
</style>

//通过mdeia指定媒体类型及条件来实现区别当前style是否生效
<style media="screen and (max-width: 300px)">
  body{
    background-color: antiquewhite;
  }
</style>
```

(2) 媒体查询用max-width表示条件的时候，大的断点放上面。反之，用min-width表示条件的时候，小的断点放上面。

(3) 在创建好的项目中找到以.html结尾的文件，设置meta标签属性值。

10.3 项目实战

以下就是响应式项目实战案例，通过媒体查询控制元素改变布局，如图10-1所示。

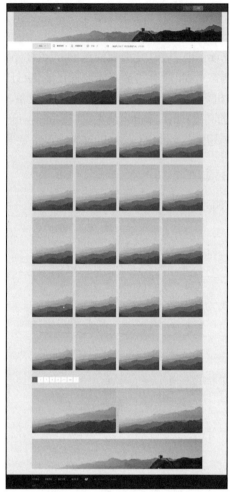

图 10-1　响应式布局案例

1. 页面顶部结构

第一步顶部样式：通过浮动使 logo 在左，登录注册以及搜索 icon 在右，使用过浮动后记得清除浮动，图片以及 icon 在实战中采用背景图方式，字体以及背景颜色设置好之后，可以对其使用媒体查询，只对需要的属性进行设置即可，一般情况下媒体查询设置最多的是宽度、块级元素。

HTML 代码：

```
<header class="head">
    <div class="head-top">
      <h1 class="top-logo"></h1>
      <a href="" class="type-list"></a>
      <div class="top-type">
        <div class="top-faxian">
          <a href="" class="faxianzi">发现</a>
          <a href="" class="xsj"></a>
        </div>
```

```
          <a href="" class="wenzi"></a>
          <a href="" class="wenzi"></a>
          <a href="" class="wenzi"></a>
          <a href="" class="wenzi"></a>
          <a href="" class="wenzi"></a>
          <div class="top-gengduo">
            <a href="" class="gengduozi">更多</a>
            <a href="" class="xsj"></a>
          </div>
        </div>
        <div class="top-right">
          <a href="" class="right-btn"></a>
          <div class="right-dlzc">
            <a href="" class="dl">登陆</a>
            <a href="" class="zc">注册</a>
          </div>
        </div>
      </div>
    </header>
```

CSS 代码:

```
.head{
  height: 50px;
  background-color: #323436;
}
.head .head-top{
  margin: 0 auto;
  width: 1280px;
  height: 50px;
}
.head-top .type-list{
  float: left;
  display: none;
  width: 57px;
  height: 50px;
  margin-left: 20px;
  background: url(../img/list.png) no-repeat 22px 20px;
  background-color: #454648;
}
.head-top .top-logo{
  float: left;
  width: 132px;
  height: 37px;
  margin-top: 5px;
  background: url(../img/logo.png) no-repeat;
}
.head-top .top-type{
  float: left;
  height: 50px;
}
```

```
.top-type .top-faxian{
  float: left;
}
.top-faxian .faxianzi{
  float: left;
  line-height: 50px;
  padding-left: 40px;
  padding-right: 9px;
  color: #8c8c8c;
}
.top-faxian .xsj{
  float: left;
  width: 7px;
  height: 4px;
  margin-top: 23px;
  margin-right: 13px;
  background: url(../img/xsj.png) no-repeat;
}
.top-type .wenzi{
  float: left;
  line-height: 50px;
  padding: 0 20px;
  color: #8c8c8c;
}
.top-type .top-gengduo{
  float: left;
}
.top-gengduo .gengduozi{
  float: left;
  line-height: 50px;
  padding-left: 40px;
  padding-right: 9px;
  color: #8c8c8c;
}
.top-gengduo .xsj{
  float: left;
  width: 7px;
  height: 4px;
  margin-top: 23px;
  background: url(../img/xsj.png) no-repeat;
}
.head-top .top-right{
  float: right;
  width: 190px;
  height: 32px;
  margin-top: 10px;
}
.top-right .right-btn{
  float: left;
  width: 15px;
```

```
   height: 14px;
   margin-top: 7px;
   margin-left: 8px;
   margin-right: 27px;
   background: url(../img/sousuo.png) no-repeat;
}
.top-right .right-dlzc{
   float: left;
   width: 140px;
   height: 30px;
}
.right-dlzc a{
   float: left;
   width: 50%;
   height: 32px;
   text-align: center;
   line-height: 32px;
}
.right-dlzc .dl{
   color: #aca38c;
   background-color: #505050;
}
.right-dlzc .zc{
   color: #fff;
   background-color: #0dc316;
}
```

媒体查询:

```
@media only all and (max-width: 1880px){
   .head .head-top{
     width: 1180px;
     }
   .head-top .top-type{
     display: none;
   }
   .head-top .type-list{
     display: block;
   }
}
@media only all and (max-width: 1250px){
   .head .head-top{
     width: 880px;
     }
   .head-top .top-type{
     display: none;
   }
   .head-top .type-list{
     display: block;
   }
}
```

```
@media only all and (max-width: 950px){
  .head .head-top{
    width: 580px;
    }
  .head-top .top-type{
    display: none;
  }
  .head-top .type-list{
    display: block;
  }
}
```

2. 图片背景及导航内容区

第二步：如图 10-2 所示。

图 10-2   广告文字区域效果图

在这里已经完成了页面结构的顶部区域，回看项目整体，接下来需要做的就是广告文字区域、内容区域(图片、分页器及底部导航)，响应式情况下所做项目内容的排版也会随之发生变化。具体操作步骤如下代码：

HTML 代码：

```
<div class="adver">
    <a href=""></a>
  </div>
  <div class="title">
    <div class="title-intr">
      <div class="title-indu">
        <a href="" class="hangye">地区</a>
        <a href="" class="drop"></a>
      </div>
      <div class="tuijian">
        <a class="tuijian-xtb1"></a>
        <a href="" class="new">最新推荐</a>
        <a href="" class="xsj1"></a>
      </div>
      <div class="yanse">
        <a class="yanse-xtb1"></a>
        <a href="" class="yansezi">西藏旅途</a>
      </div>
      <div class="all">
        <a class="all-xtb1"></a>
        <a href="" class="souyou">讨论</a>
```

```
        <a href="" class="xsj3"></a>
      </div>
      <div class="dyna">
        <a href="" class="yinliang"></a>
        <a href="" class="ui">梅超风</a>
        <a href="" class="like">完成了</a>
        <a href="" class="deep">布达拉宫旅行站</a>
        <a href="" class="two">2 小时前</a>
        <a href="" class="sjt"></a>
        <a href="" class="xjt"></a>
      </div>
    </div>
  </div>
```

CSS 代码：

```css
.adver{
  height: 200px;
}
.adver a{
  display: block;
  height: 200px;
  width: 100%;
  background: url(../img/长城.webp) top center no-repeat;
}
.title{
  height: 60px;
  background-color: #fff;
  border-bottom: 1px solid #dfdfdf;
}
.title .title-intr{
  margin: 0 auto;
  width: 1280px;
  height: 60px;
}
.title-intr .title-indu{
  float: left;
  width: 126px;
  height: 40px;
  margin-top: 10px;
  border-radius: 2px;
  background-color: #edeeee;
}
.title-indu .hangye{
  float: left;
  line-height: 40px;
  padding-left: 44px;
  padding-right: 14px;
  color: #535353;
}
.title-indu .drop{
```

```css
    float: left;
    width: 9px;
    height: 5px;
    margin-top: 17px;
    background: url(../img/hyxsj.png) no-repeat;
}
.title-intr .tuijian{
    float: left;
    width: 125px;
    height: 16px;
    margin-top: 21px;
}
.tuijian .tuijian-xtb1{
    float: left;
    width: 13px;
    height: 15px;
    margin-left: 16px;
    background: url(../img/tuijian.png) no-repeat;
}
.tuijian .new{
    float: left;
    line-height: 16px;
    padding-left: 14px;
    padding-right: 14px;
    color: #535353;
}
.tuijian .xsj1{
    float: left;
    width: 9px;
    height: 5px;
    margin-top: 6px;
    background: url(../img/hyxsj.png) no-repeat;
}
.title-intr .yanse{
    float: left;
    width: 110px;
    height: 16px;
    margin-top: 21px;
}
.yanse .yanse-xtb1{
    float: left;
    width: 13px;
    height: 15px;
    margin-left: 17px;
    background: url(../img/yanse-xtb.png) no-repeat;
}
.yanse .yansezi{
    float: left;
    line-height: 16px;
    padding-left: 15px;
```

```
    padding-right: 13px;
    color: #535353;
}
.yanse .xsj2{
    float: left;
    width: 9px;
    height: 5px;
    margin-top: 6px;
    background: url(../img/hyxsj.png) no-repeat;
}
.title-intr .all{
    float: left;
    width: 125px;
    height: 17px;
    margin-top: 21px;
}
.all .all-xtb1{
    float: left;
    width: 15px;
    height: 15px;
    margin-left: 14px;
    background: url(../img/souyou.png) no-repeat;
}
.all .souyou{
    float: left;
    line-height: 17px;
    padding-left: 14px;
    padding-right: 14px;
    color: #535353;
}
.all .xsj3{
    float: left;
    width: 9px;
    height: 5px;
    margin-top: 6px;
    background: url(../img/hyxsj.png) no-repeat;
}
.title .dyna{
    float: left;
    width: 623px;
    height: 20px;
    margin-top: 21px;
}
.dyna .yinliang{
    float: left;
    width: 16px;
    height: 15px;
    margin: 1px 24px 0 26px;
    background: url(../img/yinliang.png) no-repeat;
}
```

```css
.dyna .ui{
  float: left;
  line-height: 20px;
  margin-right: 4px;
  color: #099641;
}
.dyna .like{
  float: left;
  line-height: 20px;
  margin-right: 6px;
  color: #929292;
}
.dyna .deep{
  float: left;
  line-height: 20px;
  margin-right: 9px;
  color: #099641;
}
.dyna .two{
  float: left;
  line-height: 20px;
  color: #929292;
}
.dyna .sjt{
  float: right;
  width: 7px;
  height: 4px;
  background: url(../img/sjt.png) no-repeat;
}
.dyna .xjt{
  float: right;
  width: 7px;
  height: 4px;
  margin-top: 15px;
  margin-right: -7px;
  background: url(../img/xjt.png)no-repeat;
}
```

媒体查询：

```css
@media only all and (max-width: 1880px){
  .title .title-intr{
    width: 1180px;
  }
}
@media only all and (max-width: 1250px){
  .title .title-intr{
    width: 880px;
  }
  .title .dyna{
    display: none;
```

```
  }
}
@media only all and (max-width: 950px){
  .title .title-intr{
    width: 580px;
  }
  .title .dyna{
    display: none;
  }
}
```

3. 内容区域

第三步：如图 10-3 所示。

图 10-3　内容区域以及分页器效果图

　　内容区域以及分页器的编写需要针对屏幕分辨率，做到在响应式情况下排版布局不会错乱，具体操作代码如下：

HTML 代码：

```
<section class="content">
     <div class="item big">
     </div>
     <div class="item">
     </div>
     <div class="item"></div>
     <div class="item"></div>
     <div class="item"></div>
     <div class="item"></div>
     <div class="item"></div>
     <div class="item"></div>
     <div class="item"></div>
     <div class="item"></div>
     <div class="item"></div>
     <div class="item"></div>
     <div class="item"></div>
     <div class="item"></div>
     <div class="item"></div>
     <div class="item"></div>
     <div class="item"></div>
     <div class="item"></div>
     <div class="item"></div>
     <div class="item"></div>
     <div class="item"></div>
     <div class="item"></div>
     <div class="content-foot">
        <div class="foot-fk">
          <a href="" class="one">1</a>
          <a href="">2</a>
          <a href="">3</a>
          <a href="">4</a>
          <a href="">5</a>
          <a href="">...</a>
          <a href="">219</a>
          <a href="">></a>
        </div>
     </div>
</section>
     <div class="guanggao-tuijian">
        <div class="reco-tuijian"></div>
        <div class="reco-tuijian"></div>
        <div class="reco"></div>
        <div class="reco"></div>
     </div>
     <div class="design"></div>
```

CSS 代码:

```css
.content{
  display: flex;
  margin: 0 auto;
  width: 1280px;
  flex-wrap: wrap;
  padding-top: 49px;
  align-content: flex-start;
  justify-content: space-between;
  background-color: bisque;
}
.content .item{
  width: 280px;
  height: 310px;
  margin-bottom: 46px;
  background-color: paleturquoise;
  background-image: url(../img/长城.webp);
}
.content .big{
  width: 580px;
  height: 310px;
}
.content .content-foot{
  width: 1280px;
  height: 75px;
}
.content-foot .foot-fk{
  height: 36px;
}
.foot-fk .one{
  background-color: #0dc316;
  color: #a1f6ff;
}
.foot-fk a{
  float: left;
  width: 36px;
  height: 36px;
  line-height: 36px;
  text-align: center;
  color: #a9a9a9;
  margin-right: 5px;
  background-color: #fff;
}
.guanggao-tuijian{
  display: flex;
  margin: 0 auto;
  width: 1280px;
  height: 300px;
  margin-bottom: 40px;
  justify-content: space-between;
```

```
    background-color: aquamarine;
}
.guanggao-tuijian .reco{
    width: 280px;
    height: 300px;
    background-color: blue;
}
.guanggao-tuijian .reco-tuijian{
    width: 580px;
    height: 300px;
    background-color: yellow;
    background-image: url(../img/长城.webp);
}
.design{
    display: flex;
    margin: 0 auto;
    width: 1280px;
    flex-wrap: wrap;
    align-content: flex-start;
    height: 200px;
    margin-bottom: 40px;
    background-color: peru;
    background-image: url(../img/长城.webp);
}
```

媒体查询：

```
@media only all and (max-width: 1880px){
    .content{
        width: 1180px;
    }
}
@media only all and (max-width: 1250px){
    .content{
        width: 880px;
    }
}
@media only all and (max-width: 950px){
    .content{
        width: 580px;
    }
}
@media only all and (max-width: 1880px){
    .guanggao-tuijian{
        width: 1180px;
    }
    .reco{
        display: none;
    }
}
@media only all and (max-width: 1250px){
```

```
  .guanggao-tuijian{
    width: 880;
    display: none;
  }
  .reco{
    display: none;
  }
  .reco-tuijian{
    display: none;
  }
}
@media only all and (max-width: 950px){
  .guanggao-tuijian{
    width: 580px;
  }
  .reco-tuijian{
    display: none;
  }
}
@media only all and (max-width: 1880px){
  .design{
    width: 1180px;
  }
}
@media only all and (max-width: 1250px){
  .design{
    width: 880px;
  }
}
@media only all and (max-width: 950px){
  .design{
    width: 580px;
  }
}
```

4. 底部导航区域

用块级容器整体包裹所有内容，链接用超链接标签，其余内容用行内标签包裹，通过 CSS 浮动做出相应样式的模板，如图 10-4 所示。

图 10-4　版权区域

版权区域的 HTML 代码：

```
<footer class="foot">
    <div class="foot-det">
      <div class="foot-wenzi">
        <a href="#">关于我们</a>
        <a href="#">客服热线</a>
```

```
        <a href="#">地区分享</a>
        <a href="#">意见反馈</a>
        <a href="#" class="weibo"></a>
        <span class="qq">QQ</span>
        <span class="maohao">:</span>
        <span class="shuzi">000000</span>
        <span class="qq">vx</span>
        <span class="maohao">:</span>
        <span class="shuzi">000000</span>
      </div>
      <div class="foot-numb">
        <a href="#">版权</a>
      </div>
    </div>
  </footer>
```

CSS 代码:

```
.foot{
 height: 100px;
 background-color: #222324;
}
.foot .foot-det{
 margin: 0 auto;
 width: 1280px;
 height: 100px;
}
.foot-det .foot-wenzi{
 float: left;
 width: 1280px;
 height: 22px;
 margin-top: 19px;
 margin-bottom: 26px;
}
.foot-wenzi a{
 float: left;
 line-height: 22px;
 color: #cecece;
 padding-right: 43px;
}
.foot-wenzi .weibo{
 float: left;
 width: 22px;
 height: 17px;
 margin-top: 3px;
 background: url(../img/weibo.png) no-repeat;
}
.foot-wenzi span{
 float: left;
 line-height: 22px;
 color: #8e8e8e;
```

```
}
.foot-wenzi .maohao{
  margin-right: 4px;
  margin-left: 4px;
}
.foot-wenzi .shuzi{
  margin-right: 24px;
}
.foot .foot-numb{
  float: left;
  width: 440px;
  height: 12px;
}
.foot-numb a{
  height: 12px;
  color: #8e8e8e;
}
```

媒体查询：

```
@media only all and (max-width: 1880px){
  .foot .foot-det{
    width: 1180px;
  }
}
@media only all and (max-width: 1250px){
  .foot .foot-det{
    width: 880px;
  }
}
@media only all and (max-width: 950px){
  .foot .foot-det{
    width: 580px;
  }
}
```

这个项目案例的基础上添加了公共样式，例如以下 CSS 代码：

```
/* 公共样式 */
body,h1{
  margin: 0;
}
a{
  text-decoration: none;
}
body{
  font: 12px "宋体";
  background-color: #f1f1f1;
}
ul{
  margin: 0;
  padding: 0;
```

```
    list-style: none;
}
```

以上就是这个响应式项目案例的所有内容。

附源码：

```
Html:
<!DOCTYPE html>
<html>
  <head>
    <meta charset="UTF-8">
    <title></title>
    <link rel="stylesheet" href="css/index.css"/>
    <link rel="stylesheet" href="css/reset.css"/>
  </head>
  <body>
    <header class="head">
      <div class="head-top">
        <h1 class="top-logo"></h1>
        <a href="" class="type-list"></a>
        <div class="top-type">
          <div class="top-faxian">
            <a href="" class="faxianzi">发现</a>
            <a href="" class="xsj"></a>
          </div>
          <a href="" class="wenzi"></a>
          <a href="" class="wenzi"></a>
          <a href="" class="wenzi"></a>
          <a href="" class="wenzi"></a>
          <a href="" class="wenzi"></a>
          <div class="top-gengduo">
            <a href="" class="gengduozi">更多</a>
            <a href="" class="xsj"></a>
          </div>
        </div>
        <div class="top-right">
          <a href="" class="right-btn"></a>
          <div class="right-dlzc">
            <a href="" class="dl">登陆</a>
            <a href="" class="zc">注册</a>
          </div>
        </div>
      </div>
    </header>
    <div class="adver">
      <a href=""></a>
    </div>
    <div class="title">
      <div class="title-intr">
        <div class="title-indu">
```

```
        <a href="" class="hangye">地区</a>
        <a href="" class="drop"></a>
      </div>
      <div class="tuijian">
        <a class="tuijian-xtb1"></a>
        <a href="" class="new">最新推荐</a>
        <a href="" class="xsj1"></a>
      </div>
      <div class="yanse">
        <a class="yanse-xtb1"></a>
        <a href="" class="yansezi">西藏旅途</a>
      </div>
      <div class="all">
        <a class="all-xtb1"></a>
        <a href="" class="souyou">讨论</a>
        <a href="" class="xsj3"></a>
      </div>
      <div class="dyna">
        <a href="" class="yinliang"></a>
        <a href="" class="ui">梅超风</a>
        <a href="" class="like">完成了</a>
        <a href="" class="deep">布达拉宫旅行站</a>
        <a href="" class="two">2 小时前</a>
        <a href="" class="sjt"></a>
        <a href="" class="xjt"></a>
      </div>
    </div>
  </div>
</div>
<section class="content">
  <div class="item big">
  </div>
  <div class="item">
  </div>
  <div class="item"></div>
  <div class="item"></div>
  <div class="item"></div>
  <div class="item"></div>
  <div class="item"></div>
  <div class="item"></div>
  <div class="item"></div>
  <div class="item"></div>
  <div class="item"></div>
  <div class="item"></div>
  <div class="item"></div>
  <div class="item"></div>
  <div class="item"></div>
  <div class="item"></div>
  <div class="item"></div>
  <div class="item"></div>
  <div class="item"></div>
```

```
        <div class="item"></div>
        <div class="item"></div>
        <div class="item"></div>
        <div class="item"></div>
        <div class="content-foot">
          <div class="foot-fk">
            <a href="" class="one">1</a>
            <a href="">2</a>
            <a href="">3</a>
            <a href="">4</a>
            <a href="">5</a>
            <a href="">...</a>
            <a href="">219</a>
            <a href="">></a>
          </div>
        </div>
    </section>
        <div class="guanggao-tuijian">
          <div class="reco-tuijian"></div>
          <div class="reco-tuijian"></div>
          <div class="reco"></div>
          <div class="reco"></div>
        </div>
        <div class="design"></div>
    <footer class="foot">
        <div class="foot-det">
          <div class="foot-wenzi">
            <a href="">关于我们</a>
            <a href="">客服热线</a>
            <a href="">地区分享</a>
            <a href="">意见反馈</a>
            <a href="" class="weibo"></a>
            <span class="qq">QQ</span>
            <span class="maohao">:</span>
            <span class="shuzi">000000</span>
            <span class="qq">vx</span>
            <span class="maohao">:</span>
            <span class="shuzi">000000</span>
          </div>
          <div class="foot-numb">
            <a href="">版权</a>
          </div>
        </div>
    </footer>
  </body>
</html>
```

CSS 代码：

```css
.head{
  height: 50px;
  background-color: #323436;
}
.head .head-top{
  margin: 0 auto;
  width: 1280px;
  height: 50px;
}
.head-top .top-logo{
  float: left;
  width: 132px;
  height: 37px;
  margin-top: 5px;
  background: url(../img/logo.png) no-repeat;
}
.head-top .top-type{
  float: left;
  height: 50px;
}
.top-type .top-faxian{
  float: left;
}
.top-faxian .faxianzi{
  float: left;
  line-height: 50px;
  padding-left: 40px;
  padding-right: 9px;
  color: #8c8c8c;
}
.top-faxian .xsj{
  float: left;
  width: 7px;
  height: 4px;
  margin-top: 23px;
  margin-right: 13px;
  background: url(../img/xsj.png) no-repeat;
}
.top-type .wenzi{
  float: left;
  line-height: 50px;
  padding: 0 20px;
  color: #8c8c8c;
}
.top-type .top-gengduo{
  float: left;
}
.top-gengduo .gengduozi{
  float: left;
```

```
    line-height: 50px;
    padding-left: 40px;
    padding-right: 9px;
    color: #8c8c8c;
}
.top-gengduo .xsj{
    float: left;
    width: 7px;
    height: 4px;
    margin-top: 23px;
    background: url(../img/xsj.png) no-repeat;
}
.head-top .top-right{
    float: right;
    width: 190px;
    height: 32px;
    margin-top: 10px;
}
.top-right .right-btn{
    float: left;
    width: 15px;
    height: 14px;
    margin-top: 7px;
    margin-left: 8px;
    margin-right: 27px;
    background: url(../img/sousuo.png) no-repeat;
}
.top-right .right-dlzc{
    float: left;
    width: 140px;
    height: 30px;
}
.right-dlzc a{
    float: left;
    width: 50%;
    height: 32px;
    text-align: center;
    line-height: 32px;
}
.right-dlzc .dl{
    color: #aca38c;
    background-color: #505050;
}
.right-dlzc .zc{
    color: #fff;
    background-color: #0dc316;
}
.adver{
    height: 200px;
}
```

```css
.adver a{
  display: block;
  height: 200px;
  width: 100%;
  background: url(../img/长城.webp) top center no-repeat;
}
.title{
  height: 60px;
  background-color: #fff;
  border-bottom: 1px solid #dfdfdf;
}
.title .title-intr{
  margin: 0 auto;
  width: 1280px;
  height: 60px;
}
.title-intr .title-indu{
  float: left;
  width: 126px;
  height: 40px;
  margin-top: 10px;
  border-radius: 2px;
  background-color: #edeeee;
}
.title-indu .hangye{
  float: left;
  line-height: 40px;
  padding-left: 44px;
  padding-right: 14px;
  color: #535353;
}
.title-indu .drop{
  float: left;
  width: 9px;
  height: 5px;
  margin-top: 17px;
  background: url(../img/hyxsj.png) no-repeat;
}
.title-intr .tuijian{
  float: left;
  width: 125px;
  height: 16px;
  margin-top: 21px;
}
.tuijian .tuijian-xtb1{
  float: left;
  width: 13px;
  height: 15px;
  margin-left: 16px;
  background: url(../img/tuijian.png) no-repeat;
```

```
    }
.tuijian .new{
  float: left;
  line-height: 16px;
  padding-left: 14px;
  padding-right: 14px;
  color: #535353;
}
.tuijian .xsj1{
  float: left;
  width: 9px;
  height: 5px;
  margin-top: 6px;
  background: url(../img/hyxsj.png) no-repeat;
}
.title-intr .yanse{
  float: left;
  width: 110px;
  height: 16px;
  margin-top: 21px;
}
.yanse .yanse-xtb1{
  float: left;
  width: 13px;
  height: 15px;
  margin-left: 17px;
  background: url(../img/yanse-xtb.png) no-repeat;
}
.yanse .yansezi{
  float: left;
  line-height: 16px;
  padding-left: 15px;
  padding-right: 13px;
  color: #535353;
}
.yanse .xsj2{
  float: left;
  width: 9px;
  height: 5px;
  margin-top: 6px;
  background: url(../img/hyxsj.png) no-repeat;
}
.title-intr .all{
  float: left;
  width: 125px;
  height: 17px;
  margin-top: 21px;
}
.all .all-xtb1{
  float: left;
```

```
    width: 15px;
    height: 15px;
    margin-left: 14px;
    background: url(../img/souyou.png) no-repeat;
}
.all .souyou{
    float: left;
    line-height: 17px;
    padding-left: 14px;
    padding-right: 14px;
    color: #535353;
}
.all .xsj3{
    float: left;
    width: 9px;
    height: 5px;
    margin-top: 6px;
    background: url(../img/hyxsj.png) no-repeat;
}
.title .dyna{
    float: left;
    width: 623px;
    height: 20px;
    margin-top: 21px;
}
.dyna .yinliang{
    float: left;
    width: 16px;
    height: 15px;
    margin: 1px 24px 0 26px;
    background: url(../img/yinliang.png) no-repeat;
}
.dyna .ui{
    float: left;
    line-height: 20px;
    margin-right: 4px;
    color: #099641;
}
.dyna .like{
    float: left;
    line-height: 20px;
    margin-right: 6px;
    color: #929292;
}
.dyna .deep{
    float: left;
    line-height: 20px;
    margin-right: 9px;
    color: #099641;
}
```

```
.dyna .two{
  float: left;
  line-height: 20px;
  color: #929292;
}
.dyna .sjt{
  float: right;
  width: 7px;
  height: 4px;
  background: url(../img/sjt.png) no-repeat;
}
.dyna .xjt{
  float: right;
  width: 7px;
  height: 4px;
  margin-top: 15px;
  margin-right: -7px;
  background: url(../img/xjt.png)no-repeat;
}
.content{
  display: flex;
  margin: 0 auto;
  width: 1280px;
  flex-wrap: wrap;
  padding-top: 49px;
  align-content: flex-start;
  justify-content: space-between;
  background-color: bisque;
}
.content .item{
  width: 280px;
  height: 310px;
  margin-bottom: 46px;
  background-color: paleturquoise;
  background-image: url(../img/长城.webp);
}
.content .big{
  width: 580px;
  height: 310px;
}
.content .content-foot{
  width: 1280px;
  height: 75px;
}
.content-foot .foot-fk{
  height: 36px;
}
.foot-fk .one{
  background-color: #0dc316;
  color: #a1f6ff;
```

```
}
.foot-fk a{
  float: left;
  width: 36px;
  height: 36px;
  line-height: 36px;
  text-align: center;
  color: #a9a9a9;
  margin-right: 5px;
  background-color: #fff;
}
.guanggao-tuijian{
  display: flex;
  margin: 0 auto;
  width: 1280px;
  height: 300px;
  margin-bottom: 40px;
  justify-content: space-between;
  background-color: aquamarine;
}
.guanggao-tuijian .reco{
  width: 280px;
  height: 300px;
  background-color: blue;
}
.guanggao-tuijian .reco-tuijian{
  width: 580px;
  height: 300px;
  background-color: yellow;
  background-image: url(../img/长城.webp);
}
.design{
  display: flex;
  margin: 0 auto;
  width: 1280px;
  flex-wrap: wrap;
  align-content: flex-start;
  height: 200px;
  margin-bottom: 40px;
  background-color: peru;
  background-image: url(../img/长城.webp);
}
.foot{
  height: 100px;
  background-color: #222324;
}
.foot .foot-det{
  margin: 0 auto;
  width: 1280px;
  height: 100px;
```

```
}
.foot-det .foot-wenzi{
 float: left;
 width: 1280px;
 height: 22px;
 margin-top: 19px;
 margin-bottom: 26px;
}
.foot-wenzi a{
 float: left;
 line-height: 22px;
 color: #cecece;
 padding-right: 43px;
}
.foot-wenzi .weibo{
 float: left;
 width: 22px;
 height: 17px;
 margin-top: 3px;
 background: url(../img/weibo.png) no-repeat;
}
.foot-wenzi span{
 float: left;
 line-height: 22px;
 color: #8e8e8e;
}
.foot-wenzi .maohao{
 margin-right: 4px;
 margin-left: 4px;
}
.foot-wenzi .shuzi{
 margin-right: 24px;
}
.foot .foot-numb{
 float: left;
 width: 440px;
 height: 12px;
}
.foot-numb a{
 height: 12px;
 color: #8e8e8e;
}
.head-top .type-list{
 float: left;
 display: none;
 width: 57px;
 height: 50px;
 margin-left: 20px;
 background: url(../img/list.png) no-repeat 22px 20px;
 background-color: #454648;
```

```
    }
    @media only all and (max-width: 1880px){
      .head .head-top{
        width: 1180px;
        }
      .head-top .top-type{
        display: none;
      }
      .head-top .type-list{
        display: block;
      }
    }
    @media only all and (max-width: 1250px){
      .head .head-top{
        width: 880px;
        }
      .head-top .top-type{
        display: none;
      }
      .head-top .type-list{
        display: block;
      }
    }
    @media only all and (max-width: 950px){
      .head .head-top{
        width: 580px;
        }
      .head-top .top-type{
        display: none;
      }
      .head-top .type-list{
        display: block;
      }
    }
    @media only all and (max-width: 1880px){
      .title .title-intr{
        width: 1180px;
      }
    }
    @media only all and (max-width: 1250px){
      .title .title-intr{
        width: 880px;
      }
      .title .dyna{
        display: none;
      }
    }
    @media only all and (max-width: 950px){
      .title .title-intr{
        width: 580px;
```

```
  }
  .title .dyna{
    display: none;
  }
}
@media only all and (max-width: 1880px){
  .content{
    width: 1180px;
  }
}
@media only all and (max-width: 1250px){
  .content{
    width: 880px;
  }
}
@media only all and (max-width: 950px){
  .content{
    width: 580px;
  }
}
@media only all and (max-width: 1880px){
  .guanggao-tuijian{
    width: 1180px;
  }
  .reco{
    display: none;
  }
}
@media only all and (max-width: 1250px){
  .guanggao-tuijian{
    width: 880;
    display: none;
  }
  .reco{
    display: none;
  }
  .reco-tuijian{
    display: none;
  }
}
@media only all and (max-width: 950px){
  .guanggao-tuijian{
    width: 580px;
  }
  .reco-tuijian{
    display: none;
  }
}
@media only all and (max-width: 1880px){
  .design{
```

```
    width: 1180px;
  }
}
@media only all and (max-width: 1250px){
  .design{
    width: 880px;
  }
}
@media only all and (max-width: 950px){
  .design{
    width: 580px;
  }
}
@media only all and (max-width: 1880px){
  .foot .foot-det{
    width: 1180px;
  }
}
@media only all and (max-width: 1250px){
  .foot .foot-det{
    width: 880px;
  }
}
@media only all and (max-width: 950px){
  .foot .foot-det{
    width: 580px;
  }
}
```

css 公共样式：

```
body,h1{
  margin: 0;
}
a{
  text-decoration: none;
}
body{
  font: 12px "宋体";
  background-color: #f1f1f1;
}
ul{
  margin: 0;
  padding: 0;
  list-style: none;
}
```

10.4 本章练习

一、选择题

1. 设置媒体查询属性以(　　)开头。

    A. !media   B. @media   C. %media   D. *media

2. 视口分为(　　)。

    A. 布局视口   B. 理想视口

    C. 视觉视口   D. 布局视口、理想视口、视觉视口

3. 关于媒体查询属性的用法正确的是(　　)。

```
A. @media mediaType and (media feather) {
    属性名{
            选择器：属性值
        }
    }
```

```
B. @media mediaType and (media feather) {
    选择器 {
            属性名：属性值
        }
    }
```

```
C. @media mediaType and (media feather) {
    属性值 {
            属性名：属性值
        }
    }
```

```
D. @media mediaType and (media feather) {
        {
            属性值：属性值
        }
    }
```

4. mediaType(设备类型)中(　　)指所有的类型。

    A. speech   B. screen   C. all   D. print

5. .html 结尾的文件中以(　　)标签设置视口。

    A. meta   B. mata   C. html   D. media

二、简答题

利用媒体查询写出大于 960 像素小于 1960 像素的排版，大于 375 像素小于 960 像素时的排版。

第 11 章

移动端布局

目前移动应用设备的种类越来越多，包括智能手机、平板电脑、移动播放器等。移动设备的用户也与日俱增，移动互联网正在蓬勃发展。因此移动端的开发将会是前端开发工作的重心。移动端的开发，需要在不同的设备上兼容同一个移动端应用。本章将介绍移动端开发的技巧。

本章学习目标

◎ 了解移动端开发的内容
◎ 了解 rem 布局的适配方法
◎ 了解 vw 和 vh 适配方法
◎ 移动端项目布局实战

11.1 移动端开发简介

移动设备越来越普及，因此作为一个合格的前端，不能仅仅停留在开发 PC 端页面。移动端开发，在某种程度上说，比 PC 端开发要容易很多。它的难点是，尽可能兼容移动设备上的浏览器和不同的操作系统。另外还需要考虑屏幕尺寸和分辨率的问题。

11.1.1 移动端开发的相关知识点

移动端的开发，主要针对的是移动设备。所用的主要技术是 HTML5。同时还需要了解物理像素和设备像素比的区别。另外还要了解和会使用 viewport 等。

1. 物理像素

物理像素(physical pixel)也可以理解为设备像素(DP，device pixel)，设备的显示屏幕是由一个个物理像素点组成的，因为每个像素点的颜色不同，所以屏幕上就会渲染出不同的图像，像素与设备有关，不可以改变。在实际的开发中不常用。

物理像素和 CSS 像素不同，CSS 像素又称逻辑像素(logical pixel)或设备独立像素(DIP，device independent pixel)，它的设置与终端设备无关，是实际开发中使用的像素，它的单位是 px。

2. 设备像素比

设备像素比(DPR，device pixel ratio)，是设备的物理像素除以 CSS 像素得到的值，即 dpr = 设备像素 / CSS 像素。

对移动端的前端开发，需要了解，设备像素比越大，显示的文字越小。在屏幕尺寸相同的情况下，一个 16px 的文字在低分辨率屏幕上显示，尺寸比较大，在高分辨率屏幕上显示尺寸较小。因此在高分辨率的屏幕中，文字就会显得特别小，浏览体验不佳。在移动端的高分辨率屏幕中，CSS 使用的像素和屏幕显示的像素并不相同。

为了解决这个问题，开发者在高分辨率设备中会对网页尺寸进行缩放，让页面元素大小相对比较适中，并且在网页制作中使用的像素也不用修改。

11.1.2　视口

在 PC 端视口(viewport)指的是浏览器在屏幕上显示页面内容的区域大小；然而视口在移动端的时候可以分为以下三个：

1. 布局视口

移动设备自带的浏览器都具有一个布局视口，开发的时候，都会设置一个具体的数值作为视口的宽度，便于 PC 端的网页内容能够在移动设备上兼容显示。

2. 视觉视口

对当前浏览的网站区域，用户可通过缩放浏览器来操作视觉视口。但是此刻不会影响布局视口的大小，布局视口的大小固定不变。

3. 理想视口

理想视口就是使网页能够在移动端具有最理想的浏览和阅读宽度的视觉区域，设备的理想视口就是浏览网页最理想的视口尺寸，也是屏幕分辨率的大小。通常情况下，布局视口的尺寸和理想视口的尺寸不同，所以需要手动设置<meta>媒体标签，把布局视口和理想视口的尺寸统一设置。

4. 视口的设置

表 11-1 罗列了视口的几个属性，这些属性可以结合起来使用，多个属性同时使用时各属性要用逗号隔开。

表 11-1　viewport 的属性

属性	描述
width	设置视口的宽度，可以设置为数字；或设置 device-width 来指定
height	设置视口的高度，该属性很少使用
initial-scale	设置页面最初加载的时候，在 viewport 下缩放的大小，通常设为 1，也可以是小数
maximum-scale	允许用户的最大缩放值，值是一个数字，也可以是小数
minimum-scale	允许用户的最小缩放值，值是一个数字，也可以是小数
user-scalable	是否允许用户进行缩放，值为 no 或 yes，no 代表不允许，yes 代表允许

viewport(视口)属性的设置方式如下。

```
<meta name="viewport" content="width=device-width, initial-scale=1,
maximum-scale=1,minimum-scale=1 user-scalable=no">
```

 ## 11.2　移动端适配方案

在移动端开发的时候，不仅需要设置网页的视口，还要对网页中元素的基本单位进行设置，使得页面可以在任何一个移动终端适配。常见的移动端适配方法有两种：rem 布局适配和 vw/vh 适配方法。

11.2.1　rem 布局的适配方法

rem 是 CSS3 中新增的一个单位属性。它是根据页面根节点的字体大小，设置相对大小的单位。r 是 root 的简写，代表的是页面根节点的意思。页面的根节点也就是 html 标签。因此 rem 大小是相对于 html 标签的字号设置的。

CSS3 明确规定，1rem 的大小就是页面的根元素 html 标签 font-size 值的大小。

1. rem 的布局原理

整个网页的所有元素尺寸，都是根据 html 根元素的 font-size 来控制的。因此在网页布局的时候，可以实现类似于自适应等比例缩放的布局。

2. rem 的优势

可以通过修改 html 标签 font-size 的大小，来整体改变页面中元素的尺寸大小，实现对整个页面的控制。

3. rem 的作用

通过设置根元素 html 的 font-size 的大小，从而控制整个 html 文档内所有元素的字体大小、宽高尺寸、内外边距等，根据移动设备的宽度大小来实现自适应。这样在不同的设备上，都可以展示相同的页面效果。

rem 的基本设置方式是，首先设置视口，然后给 html 设置一个基本的 font-size 值。之后再设置的任何尺寸都可以使用 rem 做单位。如下：

```
<meta name="viewport" content="width=device-width, initial-scale=1.0">
<style type="text/css">
    * {
        margin:0;
        padding:0;
    }
    html {
        font-size:10px;
    }
</style>
```

然后在设置其他元素尺寸的时候，可以进行如下设置：

```
css
.show {
        width:10rem;
        height:10rem;
        background:#f00;
    }
html
<div class="show"></div>
```

以上代码的效果如图 11-1 所示。

以上效果设置的 10rem，实际在页面中显示的是 100px，因为 html 的 font-size 设置的是 10px，10rem 就是 10 倍的 10px，即为 100px。如果把 html 的 font-size 设置为 20px，则效果如图 11-2 所示。

图 11-1 设置 font-size 为 10px，10rem 的效果

图 11-2 设置 font-size 为 20px，10rem 的效果

以上效果设置的 10rem，实际在页面中显示的是 200px，因为 html 的 font-size 设置的是 20px，10rem 就是 10 倍的 20px，即为 200px。

11.2.2　vw 和 vh 适配方法

vw(viewport width)和 vh(viewport height)是一种相对单位，是相对视口宽度和高度单位而言的，其中：

1vw = 1/100 视口宽度

1vh = 1/100 视口高度

vh 和 vw 在开发中的基本设置方式是，首先设置视口，然后给需要设置尺寸的元素直接以 vh 或者 vw 做单位。代码如下：

```css
css
* {
    margin:0;
    padding:0;
}
html {
    height:100vh;
}
.show {
    width:50vw;
    height:10vh;
    background:#f00;
}
html
<div class="show"></div>
```

以上代码的效果如图 11-3 所示。

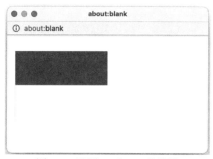

图 11-3 设置 vh 和 vw 的效果

以上效果设置的 div 宽度为 50vw，实际在页面中显示的是总页面宽度的一半，也就是总宽度的 50%；高度为 10vh，实际在页面中显示的是总页面高度的 10%。

11.3 移动端布局项目实战——鲜花养护项目

以上学习了移动端开发适配方案的基本设置和使用方式，了解了移动端布局，首先需要设置视口，然后再开始页面制作。制作页面的时候，可以通过多种方式进行页面布局。每一个成功的项目，从来都不是以一种单调的方式做出来的。

11.3.1 项目分析

使用 HTML+CSS 布局，以及移动端适配方案，开发一个移动端页面实例。整个开发过程将会从需求分析、VSCode 开发工具、架构设计和代码编写依次进行。按照线上生产环境代码的质量要求，编写可维护性高、易于扩展、通用性强的代码。

项目技术分析：该项目为移动端项目。总体使用 rem 适配，分为导航部分、搜索部分、问答部分、知识列表、图文列表和底部 tabbar 六个部分。布局上还是使用 DIV+CSS 进行布局。适配方案以 rem 为主，同时使用 vw 和 vh 一起做兼容。

项目学习的内容：移动端项目的布局和适配方案的实战练习。

11.3.2 项目开发

项目开发的过程分为分析项目、创建页面、编写头部和编写正文模块内容等四个过程。

1. 分析项目

鲜花养护项目是一个单页面移动端页面，如图 11-4 所示。

图 11-4 鲜花养护项目设计图

鲜花养护项目是一个移动端的项目，综合前几章的知识点，结合本章移动端适配的基本知识，合理使用适当的布局，即可完成该项目。

2. 导航和搜索部分的编写

首先分析项目，该项目需要一个 html 页面，还需要一个 css 文件和若干图片。因此需要一个 css 文件夹用来存储 css，一个 images 文件夹用来存储图片。

打开 VSCode 编辑器，创建一个工程，然后分别创建一个 css 文件和一个 images 文件夹。在 css 文件夹中，创建一个 style.css 文件，用来编写 css 代码。然后创建一个 html 文件，在 html 中引入 style.css。

在 style.css 中，首先需要制作一些简单的初始化样式，确保开发过程中不受元素基本样式的影响。最重要的，还要在 html 上设置基本的 font-size，便于后来使用 rem 单位适配整个页面。简单的初始化样式如下。

```css
* {
    margin:0;
    padding:0;
}
ul,li {
    list-style-type: none;
}
a {
    text-decoration: none;
    color:#333;
}
html {
    font-size:10px;
}
```

然后是导航部分的编写，导航部分具有"分类""光照""空间""主体"四个部分，是分开排列在页面上的。因此可以选用弹性布局的方式进行总体布局。每一个部分又都可以点击，因此使用 a 标签。下拉的图片使用背景图。根据以上分析，html 结构如下：

```html
<div class="nav">
        <a href="###">分类</a>
        <a href="###">光照</a>
        <a href="###">空间</a>
        <a href="###">主体</a>
</div>
```

对应的 CSS 代码内容为：

```css
.nav {
    height:4.4rem;
    display: flex;
    justify-content: space-around;
    align-items: center;
    margin-bottom:0.865rem;
}
```

```
.nav a {
    font-size:1.3rem;
    padding-right:1.3rem;
    background:url('../images/chevron-states.png') no-repeat right center;
    height:1.6rem;
    line-height:1.6rem;
}
```

以上代码得出的最终效果如图 11-5 所示。

图 11-5　导航效果

接下来是搜索效果的编写。搜索效果整体分为左中右三个部分。左边是一个导航图例，中间是搜索框，右边是一个搜索按钮。整个布局可以使用弹性布局进行设置。注意需要测量出精确的尺寸，以及每一个页面元素的颜色，然后给予准确的设置。搜索部分的 HTML 代码如下：

```
<div class="search-wp">
        <img src="./images/note.png" alt="">
        <input type="text" value="" placeholder="输入搜索的花草" />
        <span>搜索</span>
</div>
```

然后再进行 CSS 代码的编写，CSS 代码的具体内容如下：

```
.search-wp {
    padding:0 1.5rem 2.5rem;
    height:2.7rem;
    display: flex;
    align-items: center;
}
.search-wp img {
    margin-right:1.7rem;
}
.search-wp input {
    flex:1;
    padding-left:2.7rem;
    font-size:1.3rem;
    color:#666;
    background:#EFF1EC url('../images/search.png') no-repeat 1rem center;
    border-radius:1.35rem;
    height:2.7rem;
    border:none;
}
.search-wp span {
    width:4.1rem;
```

```
    text-align: center;
    height:2.4rem;
    line-height:2.4rem;
    border-radius:1.2rem;
    background:#92C44B;
    color:#fff;
    font-size:1.3rem;
    margin-left:0.5rem;
}
```

以上代码得出的最终效果如图 11-6 所示。

图 11-6　搜索框

3. 问答部分的编写

接下来是对"每日一答"部分的编写。该部分整体是一个背景图，主体是一个问题和一个"点击答题"的按钮。此刻需要注意的是，"点击答题"是一个 a 标签，因为需要跳转到答题页面。另外还需要注意题干部分的行高和字体大小，需要测量出文字大小和间距，严格遵照设计师的设计去制作。问答部分的 THML 如下：

```
<div class="ans">
        <p>仙人掌可以一直浇水吗？</p>
        <a href="###"></a>
</div>
```

然后再进行 CSS 代码的编写，CSS 代码的具体内容如下：

```
.ans {
    width:34.5rem;
    height:8.8rem;
    background:url('../images/ans.png') no-repeat 0 0;
    margin:0 auto;
    display: flex;
    overflow: hidden;
}
.ans p {
    padding:4.9rem 0 0 1.7rem;
    width:22.7rem;
}
.ans a {
    width:5rem;
    height:6rem;
    margin-top:1.7rem;
}
```

以上代码得出的最终效果如图 11-7 所示。

图 11-7　问答部分显示效果

4. 知识列表的编写

接下来是对"知识列表"部分的编写。该部分整体是一个带有标题的列表。需要注意的是，标题和列表都具有左右两侧的内容布局。另外还需要注意的是，对整个模块需要设置边框和背景色，以及设置左右 padding 等，使整个盒模型完全按照设计图制作。下面的列表需要使用 ul 标签，标签中列表和查看更多的是 a 标签。知识列表部分的 THML 如下：

```
<div class="kepu">
    <div class="kepu-tit">
        <h4><img src="./images/kepu.png" alt=""><a href="###">往期精选</a></h4>
        <a href="###">查看更多</a>
    </div>
    <ul class="kepu-list">
        <li>
            <a href="###" class="info">婆婆丁泡水的功效和作用？</a>
            <a href="###" class="more">查看更多</a>
        </li>
        <li>
            <a href="###" class="info">温州适合养什么花？</a>
            <a href="###" class="more">查看更多</a>
        </li>
        <li>
            <a href="###" class="info">旱金莲的花语和寓意是什么？</a>
            <a href="###" class="more">查看更多</a>
        </li>
    </ul>
</div>
```

然后再进行 CSS 代码的编写，CSS 代码的具体内容如下：

```
.kepu {
    margin:1.6rem 1.5rem 2rem;
    background:#EFFFD9;
    border-radius: 2.3rem;
    border: 1px solid #92C44B;
    padding:1.6rem 1.6rem 1rem 0;
}
.kepu-tit {
    padding-left:1rem;
    display: flex;
    justify-content: space-between;
```

```
    align-items: center;
}
.kepu-tit h4 img {
    height:1.3rem;
    margin-right:0.5rem;
}
.kepu-tit h4 a {
    color:#FFA826;
    font-size:1rem;
    padding-right:1.5rem;
    background:url('../images/wang.png') no-repeat right center;
}
.kepu-tit>a {
    font-size:1rem;
    background:url('../images/r.png') no-repeat right center;
    padding-right:1rem;
}
.kepu-list {
    padding:1.1rem 0 0 1.7rem;
}
.kepu-list li {
    display: flex;
    justify-content: space-between;
    padding-bottom:1rem;
}
.kepu-list li .info {
    font-size:1.3rem;
}
.kepu-list li .more {
    height:2.2rem;
    line-height:2.2rem;
    border-radius:1.1rem;
    color:#fff;
    background:#92C44B;
    padding:0 1rem;
}
```

以上代码得出的最终效果如图 11-8 所示。

图 11-8　知识列表效果

5. 图文列表的编写

接下来是对"图文列表"部分的编写。该部分整体是列表。需要注意的是，列表中的每一项都是可以点击的。每一项都含有一张图片和一个标题。整体采用弹性布局设置，需要设置列表偶数位的右 margin 为 0。整体测量出来每一个图片的宽度和高度，确保做出的效果精致。图文列表部分的 HTML 如下：

```html
<div class="flow-list">
    <a href="###">
        <img src="./images/f1.png" alt="">
        <span>水仙花</span>
    </a>
    <a href="###">
        <img src="./images/f2.png" alt="">
        <span>球兰</span>
    </a>
    <a href="###">
        <img src="./images/f3.png" alt="">
        <span>华北珍珠梅</span>
    </a>
    <a href="###">
        <img src="./images/f4.png" alt="">
        <span>玉蕊</span>
    </a>
    <a href="###">
        <img src="./images/f5.png" alt="">
        <span>郁金香</span>
    </a>
    <a href="###">
        <img src="./images/f6.png" alt="">
        <span>丝兰</span>
    </a>
    <a href="###">
        <img src="./images/f7.png" alt="">
        <span>华北珍珠梅</span>
    </a>
    <a href="###">
        <img src="./images/f8.png" alt="">
        <span>玉蕊</span>
    </a>
</div>
```

然后再进行 CSS 代码的编写，CSS 代码的具体内容如下：

```css
.flow-list {
    display: flex;
    flex-wrap: wrap;
    padding:0 1.5rem 5rem;
}
.flow-list a {
```

```
        width:calc(50% - 0.5rem);
        margin-right:1rem;
}
.flow-list a:nth-child(2n+2) {
        margin-right:0;
}
.flow-list a img {
        width:100%;
}
.flow-list a span {
        display: block;
        height:2.4rem;
        line-height:2.4rem;
        text-align: center;
        overflow: hidden;
}
```

以上代码得出的最终效果如图 11-9 所示。

图 11-9　图文列表效果

6. 底部 tabbar 的编写

接下来是对底部 tabbar 部分的编写。tabbar 是固定在页面底部的导航，包含"首页""社区""识别""集市"和"我的"五部分，每一个链接都是可以点击的，因此可以在一个大 div 中放置 5 个 a 标签，每个 a 标签中都需要设置上下排列的图片和文字。需要注意的是"识别"按钮的不同，需要专门去设置。整体使用固定定位，定位到页面的最底部。对"识别"按钮需要特别设置一个圆形的效果。tabbar 效果部分的 HTML 如下：

```html
<div class="tabbar">
    <a href="###">
        <img src="./images/home.png" alt="">
        <span>首页</span>
    </a>
    <a href="###">
        <img src="./images/community.png" alt="">
        <span>社区</span>
    </a>
    <a href="###" class="center">
        <img src="./images/photograph.png" alt="">
        <span>识别</span>
    </a>
    <a href="###">
        <img src="./images/market.png" alt="">
        <span>集市</span>
    </a>
    <a href="###">
        <img src="./images/my.png" alt="">
        <span>我的</span>
    </a>
</div>
```

然后再进行 CSS 代码的编写，CSS 文件的具体内容如下：

```css
.tabbar {
    position: fixed;
    width:calc(100% - 3rem);
    display: flex;
    justify-content: space-around;
    padding: 0.6rem 1.5rem;
    background:#fff;
    left:0;
    bottom:0;
}
.tabbar a {
    display: flex;
    flex-direction: column;
}
.tabbar a img {
    width:2.2rem;
    height:2.2rem;
```

```
}
.tabbar .center {
    width:6.6rem;
    height:6.6rem;
    border:1px #92C44B solid;
    border-radius:50%;
    background:#fff;
    position: relative;
    top:-3rem;
    align-items: center;
}
.tabbar .center img {
    width:3.7rem;
    height:4.1rem;
}
```

以上代码得出的最终效果如图 11-10 所示。

图 11-10　tabbar 效果

7. 整体代码

整体效果做完后，完整代码如下。

```
pro.html:
<!DOCTYPE html>
<html lang="en">
<head>
    <meta charset="UTF-8">
    <meta http-equiv="X-UA-Compatible" content="IE=edge">
    <meta name="viewport" content="width=device-width, initial-scale=1.0">
    <title>养护</title>
    <link rel="stylesheet" href="./css/style.css" />
</head>
<body>
    <div class="nav">
        <a href="###">分类</a>
        <a href="###">光照</a>
        <a href="###">空间</a>
        <a href="###">主体</a>
    </div>
    <div class="search-wp">
        <img src="./images/note.png" alt="">
        <input type="text" value="" placeholder="输入搜索的花草" />
        <span>搜索</span>
```

```
    </div>
    <div class="ans">
        <p>仙人掌可以一直浇水吗？</p>
        <a href="###"></a>
    </div>
    <div class="kepu">
        <div class="kepu-tit">
            <h4><img src="./images/kepu.png" alt=""><a href="###">往期精选</a></h4>
            <a href="###">查看更多</a>
        </div>
        <ul class="kepu-list">
            <li>
                <a href="###" class="info">婆婆丁泡水的功效和作用？</a>
                <a href="###" class="more">查看更多</a>
            </li>
            <li>
                <a href="###" class="info">温州适合养什么花？</a>
                <a href="###" class="more">查看更多</a>
            </li>
            <li>
                <a href="###" class="info">旱金莲的花语和寓意是什么？</a>
                <a href="###" class="more">查看更多</a>
            </li>
        </ul>
    </div>
    <div class="flow-list">
        <a href="###">
            <img src="./images/f1.png" alt="">
            <span>水仙花</span>
        </a>
        <a href="###">
            <img src="./images/f2.png" alt="">
            <span>球兰</span>
        </a>
        <a href="###">
            <img src="./images/f3.png" alt="">
            <span>华北珍珠梅</span>
        </a>
        <a href="###">
            <img src="./images/f4.png" alt="">
            <span>玉蕊</span>
        </a>
        <a href="###">
            <img src="./images/f5.png" alt="">
            <span>郁金香</span>
        </a>
        <a href="###">
            <img src="./images/f6.png" alt="">
            <span>丝兰</span>
        </a>
```

```
            <a href="###">
                <img src="./images/f7.png" alt="">
                <span>华北珍珠梅</span>
            </a>
            <a href="###">
                <img src="./images/f8.png" alt="">
                <span>玉蕊</span>
            </a>
        </div>


        <div class="tabbar">
            <a href="###">
                <img src="./images/home.png" alt="">
                <span>首页</span>
            </a>
            <a href="###">
                <img src="./images/community.png" alt="">
                <span>社区</span>
            </a>
            <a href="###" class="center">
                <img src="./images/photograph.png" alt="">
                <span>识别</span>
            </a>
            <a href="###">
                <img src="./images/market.png" alt="">
                <span>集市</span>
            </a>
            <a href="###">
                <img src="./images/my.png" alt="">
                <span>我的</span>
            </a>
        </div>
</body>
</html>
style.css:
* {
    margin:0;
    padding:0;
}
ul,li {
    list-style-type: none;
}
a {
    text-decoration: none;
    color:#333;
}
html {
    font-size:10px;
}
```

```
.nav {
    height:4.4rem;
    display: flex;
    justify-content: space-around;
    align-items: center;
    margin-bottom:0.865rem;
}
.nav a {
    font-size:1.3rem;
    padding-right:1.3rem;
    background:url('../images/chevron-states.png') no-repeat right center;
    height:1.6rem;
    line-height:1.6rem;
}

.search-wp {
    padding:0 1.5rem 2.5rem;
    height:2.7rem;
    display: flex;
    align-items: center;
}
.search-wp img {
    margin-right:1.7rem;
}
.search-wp input {
    flex:1;
    padding-left:2.7rem;
    font-size:1.3rem;
    color:#666;
    background:#EFF1EC url('../images/search.png') no-repeat 1rem center;
    border-radius:1.35rem;
    height:2.7rem;
    border:none;
}
.search-wp span {
    width:4.1rem;
    text-align: center;
    height:2.4rem;
    line-height:2.4rem;
    border-radius:1.2rem;
    background:#92C44B;
    color:#fff;
    font-size:1.3rem;
    margin-left:0.5rem;
}

.ans {
    width:34.5rem;
    height:8.8rem;
    background:url('../images/ans.png') no-repeat 0 0;
```

```
    margin:0 auto;
    display: flex;
    overflow: hidden;
}
.ans p {
    padding:4.9rem 0 0 1.7rem;
    width:22.7rem;
}
.ans a {
    width:5rem;
    height:6rem;
    margin-top:1.7rem;
}


.kepu {
    margin:1.6rem 1.5rem 2rem;
    background:#EFFFD9;
    border-radius: 2.3rem;
    border: 1px solid #92C44B;
    padding:1.6rem 1.6rem 1rem 0;
}
.kepu-tit {
    padding-left:1rem;
    display: flex;
    justify-content: space-between;
    align-items: center;
}
.kepu-tit h4 img {
    height:1.3rem;
    margin-right:0.5rem;
}
.kepu-tit h4 a {
    color:#FFA826;
    font-size:1rem;
    padding-right:1.5rem;
    background:url('../images/wang.png') no-repeat right center;
}
.kepu-tit>a {
    font-size:1rem;
    background:url('../images/r.png') no-repeat right center;
    padding-right:1rem;
}
.kepu-list {
    padding:1.1rem 0 0 1.7rem;
}
.kepu-list li {
    display: flex;
    justify-content: space-between;
    padding-bottom:1rem;
}
```

```css
.kepu-list li .info {
    font-size:1.3rem;
}
.kepu-list li .more {
    height:2.2rem;
    line-height:2.2rem;
    border-radius:1.1rem;
    color:#fff;
    background:#92C44B;
    padding:0 1rem;
}

.flow-list {
    display: flex;
    flex-wrap: wrap;
    padding:0 1.5rem 5rem;
}
.flow-list a {
    width:calc(50% - 0.5rem);
    margin-right:1rem;
}
.flow-list a:nth-child(2n+2) {
    margin-right:0;
}
.flow-list a img {
    width:100%;
}
.flow-list a span {
    display: block;
    height:2.4rem;
    line-height:2.4rem;
    text-align: center;
    overflow: hidden;
}

.tabbar {
    position: fixed;
    width:calc(100% - 3rem);
    display: flex;
    justify-content: space-around;
    padding: 0.6rem 1.5rem;
    background:#fff;
    left:0;
    bottom:0;
}
.tabbar a {
    display: flex;
    flex-direction: column;
}
.tabbar a img {
```

```
    width:2.2rem;
    height:2.2rem;
}
.tabbar .center {
    width:6.6rem;
    height:6.6rem;
    border:1px #92C44B solid;
    border-radius:50%;
    background:#fff;
    position: relative;
    top:-3rem;
    align-items: center;
}
.tabbar .center img {
    width:3.7rem;
    height:4.1rem;
}
```

8. 整体效果

运行整体代码，之后的效果如图 11-11 所示。

图 11-11　项目整体效果

从头回顾一下，从项目分析，到项目开发实践，过程中把整个项目分解成若干模块，然后一步步完善整个鲜花养护项目。最后这个移动端项目就顺利完成了。

11.4 本章练习

1. 以下( )不是视口(viewport)的设置属性。
   A. width B. height C. size D. minimum-scale

2. 以下关于 rem 的描述，正确的是( )。
   A. rem 是 CSS2 中新增加的一个单位属性
   B. 可以通过修改 html 标签 font-size 的大小，来整体改变页面中元素的尺寸大小
   C. 使用 rem 不需要设置视口(viewport)
   D. rem 大小是相对于父标签的字号设置的

3. ( )不能通过 rem 实现。
   A. 元素的文本颜色 B. 元素的内外边距
   C. 元素的宽高尺寸 D. 元素的字体大小

4. 以下关于 vw 和 vh 的描述，正确的是( )。
   A. vw 和 vh 是一种绝对单位
   B. 1vw = 1/100 视口高度
   C. 1vh = 1/100 视口宽度
   D. vw 和 vh 是相对视口宽度和高度单位

5. ( )是移动端常用的布局方式。
   A. table 布局 B. 圣杯布局 C. 双飞翼布局 D. 弹性布局

第*12*章

长页面布局实战

经过对前面章节的学习，相信大家对页面布局常用的各种样式和技巧已经了如指掌、胸有成竹，迫不及待地要跃跃一试，大展身手。俗话说，"实践是检验真理的唯一标准"，本章以弹性盒子布局、定位布局、文本样式、边框样式、背景样式等内容为基础，带领大家实现一个企业网站首页的开发。

本章学习目标

◎ 掌握布局技巧和布局样式
◎ 掌握页面模块功能的划分
◎ 掌握页面交互设计和实现的技巧

12.1 UI 效果图

在开始写代码之前，先要对页面进行模块和功能划分，这样有助于我们理清页面结构和交互设计，尽可能还原设计和产品。

本项目是一个企业网站的首页，页面中包含"顶部导航""轮播 banner""关于我们""产品中心""新闻中心""合作伙伴""联系我们""尾部链接"共 8 个模块。最终实现的效果如图 12-1~图 12-3 所示。

图 12-1　项目效果图模块 1

图 12-2　项目效果图模块 2

图 12-3　项目效果图模块 3

12.2 项目搭建

确定模块后，就可以开始创建项目了，因页面代码较多，我们将 HTML 和 CSS 分为两个文件，以便阅读和维护。

(1) index.html 引入资源和 HTML 功能模块。

(2) index.css 页面样式。

由于 HTML 标签自带样式，为了页面展示效果的统一性和对标签进行统一管理，我们对标签进行样式重置，引入样式重置文件 reset.css，文件内容如下所示。

```
html,body,div,span,applet,object,h1,h2,h3,h4,h5,h6,p,
blockquote,pre,a,abbr,acronym,address,big,cite,code,del,dfn,em,img,ins,kbd,q,s,samp,small,
strike,strong,sub,sup,tt,var,b,u,i,center,dl,dt,dd,ol,ul,li,fieldset,form,label,legend,tab
le,caption,tbody,tfoot,thead,tr,th,td,article,aside,canvas,details,embed,figure,figcaption
,footer,header,hgroup,menu,nav,output,ruby,section,summary,time,mark,audio,video {
    margin:0;
    padding:0;
    border:0;
    font-size:100%;
    font:inherit;
    font-weight:normal;
    vertical-align:baseline;
}
/* HTML5 display-role reset for older browsers */
article,aside,details,figcaption,figure,footer,header,hgroup,menu,nav,section {
    display:block;
}
ol,ul,li {
    list-style:none;
}
blockquote,q {
    quotes:none;
}
blockquote:before,blockquote:after,q:before,q:after {
    content:'';
    content:none;
}
table {
    border-collapse:collapse;
    border-spacing:0;
}
th,td {
    vertical-align:middle;
}
/* custom */
a {
    outline:none;
    color:#16418a;
```

```
    text-decoration:none;
    -webkit-backface-visibility:hidden;
}
a:focus {
    outline:none;
}
input:focus,select:focus,textarea:focus {
    outline:-webkit-focus-ring-color auto 0;
}
img{
    display: block;
}
```

创建一个 HTML 文件作为项目文件。先在 index.html 文件中引入 index.css 和 reset.css 文件。注意：在实际开发中，由于样式存在权重和优先级，因此先引入 reset.css，然后再引入 index.css。

```
<!DOCTYPE html>
<html lang="en">
<head>
    <meta charset="UTF-8">
    <meta http-equiv="X-UA-Compatible" content="IE=edge">
    <meta name="viewport" content="width=device-width, initial-scale=1.0">
    <title>Document</title>
    <link rel="stylesheet" href="css/reset.css">
    <link rel="stylesheet" href="css/index.css">
</head>
<body>

</body>
</html>
```

至此项目已搭建完毕，前期的准备工作已完成。接下来是具体的功能模块开发。

12.3 顶部导航

导航通常作为网站的第一个模块。网站的导航为用户提供了便捷的入口，通过导航，用户可以浏览自己感兴趣的内容，同时导航也展示了网站的所有功能。导航模块主要分为两个小模块：logo 和菜单链接。logo 通常位于最左侧，菜单位于右侧。通过弹性盒子布局属性 justify-content: space-between;确定导航子模块的位置。

页面展示效果如图 12-4 所示。

图 12-4 导航模块

具体的实现代码如下。

```css
#header{
    width: 100%;
    overflow: hidden;
}
.container{
    width: 1200px;
    margin:0 auto;
    color:#333;
    font-size:14px;
}
.header-wrapper{
    display: flex;
    justify-content: space-between;
    height: 94px;
    align-items: center;
    font-size:16px;
    color:#333;
}
.logo{
    width: 224px;
    height: 40px;
}
.logo img{
    width: 224px;
    height: 40px;
}
.navbar-wrapper{
    width:800px;
    display: flex;
    justify-content: space-between;
}
.navbar-item{
    font-size:16px;
    position: relative;
    height: 94px;
    line-height: 94px;
}
.navbar-item a{
    color:#333;
}
.navbar-code{
    background:url('../image/code.png') no-repeat 0 center;
    background-size: 16px 16px;
    padding-left:20px;
    color:#ff8f2b;
}
.navbar-code a{
    font-size:14px;
    color:#ff8f2b;
}
.navbar-active a{
    color:#0C418E;
}
```

```
.navbar-active:after{
    width: 100%;
    content:'';
    position: absolute;
    bottom: 0;
    left:50%;
    transform: translate(-50%, 0);
    height: 2px;
    background-color: #0C418E;
}
<div id="header">
    <div class="header-wrapper container">
        <div class="logo">
            <img src="image/yhlogo.png" alt="">
        </div>
        <div class="navbar">
            <ul class="navbar-wrapper">
                <li class="navbar-active navbar-item">
                    <a href="JavaScript:;">首页</a>
                </li>
                <li class="navbar-item">
                    <a href="JavaScript:;">产品中心</a>
                </li>
                <li class="navbar-item">
                    <a href="JavaScript:;">新闻中心</a>
                </li>
                <li class="navbar-item">
                    <a href="JavaScript:;">项目案例</a>
                </li>
                <li class="navbar-item">
                    <a href="JavaScript:;">关于我们</a>
                </li>
                <li class="navbar-item">
                    <a href="JavaScript:;">人才招聘</a>
                </li>
                <li class="navbar-item">
                    <a href="JavaScript:;">联系我们</a>
                </li>
                <li class="navbar-item navbar-code">
                    <a href="JavaScript:;">扫码关注</a>
                </li>
            </ul>
        </div>
    </div>
</div>
```

12.4 轮播模块

轮播模块通常作为页面首屏渲染的重要组成部分，且以全屏展示居多。轮播模块展示一般都是最新的内容、活动、重要功能等，用户可以通过鼠标指针操作轮播图，实现和浏览器交互。本节中的轮播没有实现轮播特效，而是使用单独一张图片展示。页面展示效果如图 12-5 所示。

图 12-5　轮播模块

具体的实现代码如下所示。

```
.banner{
    width:100%;
    height: 750px;
    position: relative;
    overflow: hidden;
}
.banner-wrapper{
    width:100%;
    height: 750px;
    position: relative;
    overflow: hidden;
}
.banner-list{
    width:100%;
    height: 750px;
    background: url('../image/banner.png') no-repeat center center;
}
.banner-pagenation{
    position: absolute;
    bottom:20px;
    left:50%;
    transform: translate(-50%, 0);
}
.banner-pagenation ul{
    display: flex;
}
.banner-pagenation ul li{
    width: 20px;
    height: 4px;
    background-color: #fff;
    border-radius: 4px;
```

```
      margin-left:10px;
   }
   .banner-pagenation .pagenation-active {
      background-color: #ff8f2b;
   }
   <div id="banner" class="banner">
      <div class="banner-wrapper">
         <div class="banner-list"></div>
      </div>
      <div class="banner-pagenation">
         <ul>
            <li class="pagenation-active"></li>
            <li></li>
            <li></li>
            <li></li>
         </ul>
      </div>
   </div>
```

12.5 关于我们

　　每个企业网站都有"关于我们"这个模块，用来介绍公司，包括公司简介、公司文化、发展历程、核心团队成员等。项目中"关于我们"模块是一个典型的左右结构布局，其中配图模块使用定位和伪元素实现图片的底色陪衬，无需添加额外的 HTML 标签。

　　下面是配图模块实现过程的代码。首先实现基础的页面布局，配图的蓝色底色使用:after伪元素，不再添加额外的标签。在浏览器中展示的效果如图 12-6 所示。

```
   .aboutus-img{
      width: 506px;
      height: 489px;
      position: relative;
   }
   .aboutus-img:after{
      content:"";
      width: 273px;
      height: 426px;
      background: #03418D;
      position: absolute;
      top:100px;
      left:-30px;
   }
   <div class="aboutus-img">
       <img src="image/about_us.png" alt="">
   </div>
```

　　由于使用了定位属性，导致图片底色覆盖了原图片，这时需要通过 z-index 属性调整元素的层级，而 z-index 属性必须结合定位属性一起使用才能生效，因此给原图片设置更高的层级和相对定位。

```
.aboutus-img img{
    position: relative;
    z-index: 2;
}
```

最终实现的效果如图 12-7 所示。

图 12-6　"关于我们"模块配图初始效果

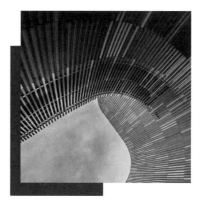

图 12-7　"关于我们"模块配图最终效果

整个模块的完整代码如下所示。

```
.container{
    width: 1200px;
    margin:0 auto;
    color:#333;
    font-size:14px;
}
.aboutus {
    background-color:#fff;
    padding-top:175px;
    padding-bottom:125px;
}
.aboutus-wrapper{
    width: 1200px;
    display: flex;
    justify-content: space-between;
}
.aboutus-content{
    width: 560px;
    height: 390px;
    display: flex;
    margin-top:180px;
    flex-direction: column;
    justify-content: space-between;
}
.aboutus-title h2{
    font-size: 24px;
    font-weight: 900;
}
.aboutus-title p{
    color:#666666;
    font-size: 14px;
```

```
    }
    .aboutus-info{
        font-size:14px;
        color:#666666;
        line-height: 36px;
    }
    .more{
        width: 150px;
        height: 38px;
        border:1px solid #E6E6E6;
        background-color: #E6E6E6;
        line-height: 38px;
        text-align: center;
    }
    .more a{
        color:#666;
    }
    .aboutus-img{
        width: 506px;
        height: 489px;
        position: relative;
    }
    .aboutus-img:after{
        content:"";
        width: 273px;
        height: 426px;
        background: #03418D;
        position: absolute;
        top:100px;
        left:-30px;
    }
    .aboutus-img img{
        position: relative;
        z-index: 2;
    }
<div class="aboutus container">
    <div class="aboutus-wrapper">
        <div class="aboutus-content">
            <div class="aboutus-title">
                <h2>关于我们</h2>
                <p>RUIMING</p>
            </div>
            <div class="aboutus-info">
                河南云和数据信息技术有限公司(以下简称"云和数据")成立于 2013 年 9 月，作为规模更大、更具
                影响力的紧缺、核心 ICT 人才生态服务国家级高新技术企业，专注 ICT 职业教育、云计算、大数据 、
                电子商务、跨境贸易、网络安全、AI、VR 等领域研究与服务，下设云和教育、云和技术、云和服务、
                云和国际四大事业部。
            </div>
            <div class="aboutus-more more">
                <a href="JavaScript:;">了解详情</a>
            </div>
        </div>
        <div class="aboutus-img">
            <img src="image/about_us.png" alt="">
        </div>
```

```
    </div>
</div>
```

整体展示效果如图 12-8 所示。

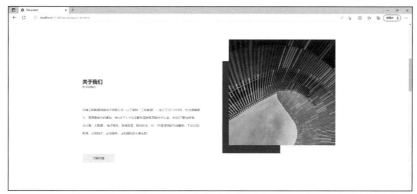

图 12-8　"关于我们"模块

12.6　产品中心

　　产品中心、新闻中心 1、新闻中心 2 和合作伙伴四个模块结构类似，上边是模块的标题和标签页切换按钮，下边是模块的主体内容。四个模块的标题部分布局和样式一样，部分样式可以复用。

　　标题模块为左右结构布局，右边是标题内容，左边是功能按钮，由于新闻中心模块有多个功能按钮，为了实现样式复用和代码的扩展性，在定义功能按钮时设置独立类名 more，具体代码如下。

```css
.product-header, .news-header, .cooperation-header{
    display: flex;
    justify-content: space-between;
    align-items: center;
}
.header-title h2{
    font-size: 36px;
    color:#070707;
}
.header-title p {
    font-size: 24px;
    color:#070707;
}
<div class="product-header ">
    <div class="header-title">
        <h2>Product Center</h2>
        <p>产品中心</p>
    </div>
    <div class="product-more more">
        <a href="javascript:;">查看更多</a>
```

```
    </div>
</div>
```

标签页基础样式一样，细节稍微不同，基础样式则复用"关于我们"模块中的"了解详情"按钮样式。

```
.more{
    width: 150px;
    height: 38px;
    border:1px solid #E6E6E6;
    background-color: #E6E6E6;
    line-height: 38px;
    text-align: center;
}
.more a{
    color:#666;
}
```

在浏览器中的展示效果如图 12-9 所示。

图 12-9　模块标题布局

"产品中心"模块的主体内容在设置样式时，需要使用换行属性 flex-wrap，因为 display:flex; 默认会压缩弹性项目，使之一行展示。完整的示例代码如下所示。

```
.product {
    width: 100%;
    padding-top:120px ;
    padding-bottom:130px;
    background: #F7F7F7;
}
.product-header, .news-header, .cooperation-header{
    display: flex;
    justify-content: space-between;
    align-items: center;
}
.header-title h2{
    font-size: 36px;
    color:#070707;
}
.header-title p {
    font-size: 24px;
    color:#070707;
}
.product-content ul{
    margin-top:100px;
    width: 1200px;
    display: flex;
    flex-wrap: wrap;
```

```
}
<div class="product ">
    <div class="product-wrapper container">
        <div class="product-header ">
            <div class="header-title">
                <h2>Product Center</h2>
                <p>产品中心</p>
            </div>
            <div class="product-more more">
                <a href="javascript:;">查看更多</a>
            </div>
        </div>
        <div class="product-content">
            <ul>
                <li>
                    <img src="image/product1.png" alt="">
                </li>
                <li>
                    <img src="image/product2.png" alt="">
                </li>
                <li>
                    <img src="image/product3.png" alt="">
                </li>
                <li>
                    <img src="image/product4.png" alt="">
                </li>
                <li>
                    <img src="image/product5.png" alt="">
                </li>
            </ul>
        </div>
    </div>
</div>
```

浏览器中的展示效果如图 12-10 所示。

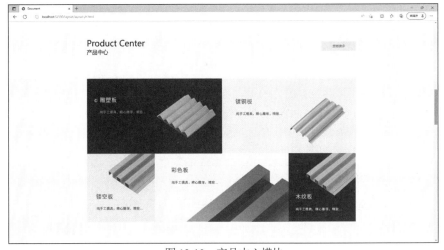

图 12-10　产品中心模块

12.7 新闻中心 1

"新闻中心"模块 1 的标题和"产品中心"模块有细微的差别，此处是一个标签页，后期可以结合 JavaScript 实现内容的动态切换效果。我们复用功能按钮的基础样式，然后在此基础上，对页面 HTML 结构和部分样式进行精确调整，具体实现代码如下所示。

```css
.news-tab ul{
    display: flex;
}
.news-tab li{
    margin-left:20px;
}
.news-tab  a{
    color:#666;
}
.news-active{
    border:1px solid #0E2180;
}
.news-active a{
    color:#0E2180;
}
```
```html
<div class="news-header main-news">
    <div class="header-title">
        <h2>News Center</h2>
        <p>新闻中心</p>
    </div>
    <div class="news-tab">
        <ul>
            <li class="news-active more">
                <a href="javascript:;">公司新闻</a>
            </li>
            <li class="more">
                <a href="javascript:;">行业动态</a>
            </li>
            <li class="more">
                <a href="javascript?:;">常见问题</a>
            </li>
        </ul>
    </div>
</div>
```

在浏览器中的展示效果如图 12-11 所示。

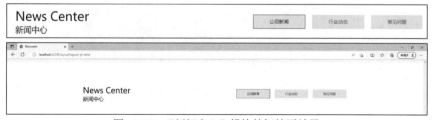

图 12-11 "新闻中心"模块的标签页效果

新闻中心主体内容模块设计了基本的交互效果，当用户鼠标指针停留到当前新闻上时，会出现"了解详情"按钮和高亮提示效果，实现原理是通过:hover伪类选择器响应用户鼠标行为，匹配鼠标指针悬停的元素，然后设置交互效果。效果如图12-12所示。

图 12-12　新闻内容交互默认效果

"了解详情"按钮和高亮效果默认是隐藏的，通过 display:none;实现隐藏效果，当用户鼠标指针停留在当前新闻所在的元素容器上时，让"了解详情"按钮和高亮效果显示，通过 display:block;实现。其中高亮效果是展示一条边框，项目中通过伪元素:after 实现。具体实现代码如下所示。

```
.news-more{
    width: 125px;
    height: 35px;
    background: #0E2180;
    text-align: center;
    line-height: 35px;
    margin-top:60px;
    display: none;
}
.news-content li:after{
    content:'';
    width: 100%;
    height: 10px;
    background-color: #0E2180;
    position: absolute;
    top:0;
    left:0;
    display: none;
}

.news-content li:hover:after {
    display: block;
    }
.news-content li:hover .news-more{
    display: block;
}
```

"新闻中心"模块 1 的完整代码如下所示。

```
.main-news{
    margin-top:100px;
}
.news-tab ul{
    display: flex;
}
.news-tab li{
    margin-left:20px;
}
.news-tab a{
    color:#666;
}
.news-active{
    border:1px solid #0E2180;
}
.news-active a{
    color:#0E2180;
}
.news-content ul{
    width: 1200px;
    display: flex;
    margin-top:100px;
}
.news-content li{
    width: 300px;
    height: 380px;
    padding: 60px 50px 0;
    background: #FFFFFF;
    border: 1px solid #F0F0F0;
    position: relative;
}
.news-content li:after{
    content:'';
    width: 100%;
    height: 10px;
    background-color: #0E2180;
    position: absolute;
    top:0;
    left:0;
    display: none;
}
.news-title{
    font-size:20px;
    color:#333;
    font-weight: 900;
    line-height: 40px;
}
.news-info{
    line-height: 24px;
    font-size:14px;
    margin-top:30px;
}
.news-more{
```

```
        width: 125px;
        height: 35px;
        background: #0E2180;
        text-align: center;
        line-height: 35px;
        margin-top:60px;
        display: none;
    }
    .news-more a{
        font-size: 14px;
        font-weight: 400;
        color: #FFFFFF;
    }
    .news-time{
        font-size:14px;
        color:#666;
        position: absolute;
        bottom:30px;
        left:50px;
    }
    .news-content li:hover:after {
        display: block;
      }
    .news-content li:hover .news-more{
        display: block;
    }
<div class="news ">
    <div class="news-wrapper container">
        <div class="news-header main-news">
            <div class="header-title">
                <h2>News Center</h2>
                <p>新闻中心</p>
            </div>
            <div class="news-tab">
                <ul>
                    <li class="news-active more">
                        <a href="javascript:;">公司新闻</a>
                    </li>
                    <li class="more">
                        <a href="javascript:;">行业动态</a>
                    </li>
                    <li class="more">
                        <a href="javascript?:;">常见问题</a>
                    </li>
                </ul>
            </div>
        </div>
        <div class="news-content">
            <ul>
                <li>
                    <p class="news-title">云和数据九周年：感恩同行，一路相伴！</p>
                    <p class="news-info">光阴流转，弹指九载，九年时间，不长也不短，但足以让一个跌跌
                        撞撞的孩子成长为疾驰带风的翩翩少年，对于一个企业来说，也足以让一个品牌破茧成蝶，
                        勇创辉煌。</p>
                    <div class="news-more">
```

```
            <a href="javascript:;">了解详情</a>
        </div>
        <div class="news-time">2022.10.12</div>
    </li>
    <li>
        <p class="news-title">云和数据九周年：感恩同行，一路相伴！</p>
        <p class="news-info">光阴流转，弹指九载，九年时间，不长也不短，但足以让一个跌跌
            撞撞的孩子成长为疾驰带风的翩翩少年，对于一个企业来说，也足以让一个品牌破茧成蝶，勇
            创辉煌。</p>
        <div class="news-more">
            <a href="javascript:;">了解详情</a>
        </div>
        <div class="news-time">2022.10.12</div>
    </li>
    <li>
        <p class="news-title">云和数据九周年：感恩同行，一路相伴！</p>
        <p class="news-info">光阴流转，弹指九载，九年时间，不长也不短，但足以让一个跌跌
            撞撞的孩子成长为疾驰带风的翩翩少年，对于一个企业来说，也足以让一个品牌破茧成蝶，勇
            创辉煌。</p>
        <div class="news-more">
            <a href="javascript:;">了解详情</a>
        </div>
        <div class="news-time">2022.10.12</div>
    </li>
    </ul>
    </div>
    </div>
</div>
```

整体展示效果如图 12-13 所示。

图 12-13　"新闻中心"模块 1 完整效果

12.8 新闻中心 2

"新闻中心"模块 2 和"新闻中心"模块 1 的功能和 HTML 结构类似，"新闻中心"模块 2

没有设置交互效果，内容替换为图片和标题，进行页面布局时，把图片和标题作为一个完整独立的模块，核心代码使用 justify-content: space-between;实现。完整的示例代码如下所示。

```
.container-fluid{
    background-color:#0E2180 ;
    padding-top:120px;
    padding-bottom:90px;
    margin-top:120px;
}
.sub-news .header-title h2, .sub-news .header-title p{
    color:#fff;
}
.news-body ul{
    display: flex;
    justify-content: space-between;
    margin-top: 100px;
}
.news-body li{
    width: 340px;
    height:320px;
}
.news-pic {
    width: 340px;
    height:220px;
}
.news-pic img{
    width: 340px;
    height:220px;
}
.news-body .news-title{
    color:#fff;
    font-size:16px;
    line-height: initial;
    margin-top:20px;
}
.news-details{
    margin-top:30px;
}
.news-details a{
    display: flex;
    align-items: baseline;
}
.news-details img{
    width: 32px;
    height: 7px;
    margin-left:5px;
}
.news-details a{
    color:#fff;
}
<div class="news container-fluid">
    <div class="news-wrapper container">
        <div class="news-header sub-news">
            <div class="header-title">
```

```
        <h2>News Center</h2>
        <p>新闻中心</p>
    </div>
    <div class=" more ">
        <a href="javascript:;">查看更多</a>
    </div>
</div>
<div class="news-body">
    <ul>
        <li>
            <div class="news-pic">
                <img src="image/news1.png" alt="">
            </div>
            <p class="news-title">云和数据 "技能+学历+认证" 高技能 ICT 数字人才能力模型</p>
            <div class="news-details">
                <a href="javascript:;">
                    <span>详情</span>
                    <img src="image/more.png" alt="">
                </a>
            </div>
        </li>
        <li>
            <div class="news-pic">
                <img src="image/news2.png" alt="">
            </div>
            <p class="news-title">云和数据 "技能+学历+认证" 高技能 ICT 数字人才能力模型</p>
            <div class="news-details">
                <a href="javascript:;">
                    <span>详情</span>
                    <img src="image/more.png" alt="">
                </a>
            </div>
        </li>
        <li>
            <div class="news-pic">
                <img src="image/news3.png" alt="">
            </div>
            <p class="news-title">云和数据 "技能+学历+认证" 高技能 ICT 数字人才能力模型</p>
            <div class="news-details">
                <a href="javascript:;">
                    <span>详情</span>
                    <img src="image/more.png" alt="">
                </a>
            </div>
        </li>
    </ul>
</div>
    </div>
</div>
```

在浏览器中展示的效果如图 12-14 所示。

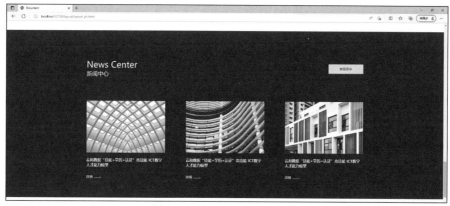

图 12-14　"新闻中心"模块 2

12.9 合作伙伴

"合作伙伴"模块的合作单位列表使用精灵图(CSS Sprites)实现，精灵图的原理是利用 background-position 属性，通过对背景图片定位来实现展示不同的图片，项目中使用的精灵图如图 12-15 所示。

图 12-15　合作单位列表精灵图

使用精灵图时，需要设置图片容器的 width 和 height，容器的宽高和图片的宽高保持一致，并结合 overflow:hidden;属性；该属性是元素内容溢出被裁减，不可见，通过该属性保证容器中只显示一张图片，精灵图应用的代码如下所示。

```
.cooperation-list {
    width: 210px;
    height: 90px;
    overflow: hidden;
    border: 1px solid #E6E4E3;
    background:#fff url('../image/cooperation.png') no-repeat 0 0;
}
.list-dx{
    background-position:0 0;
}
.list-lt{
```

```
    background-position:-210px 0;
}
<div class="cooperation-list list-dx"></div>
<div class="cooperation-list list-lt"></div>
```

精灵图的应用实现效果如图 12-16 所示。

图 12-16 精灵图的应用

该模块设计了基本的交互效果，当用户鼠标指针停留在某个合作单位上时，背景图片会切换为高亮显示效果，如图 12-17 所示。

图 12-17 精灵图背景图片切换

实现原理是通过 :hover 伪类选择器响应用户行为——鼠标指针悬停，然后重置 background-position。具体实现代码如下。

```
.list-dx:hover{
    background-position: 0 -90px;
}
```

"合作伙伴"模块完整的代码如下所示。

```
.cooperation-wrapper{
    margin-top:130px;
}
.cooperation-body{
    display:flex;
    height: 210px;
    align-content: space-between;
    justify-content: space-between;
    flex-wrap: wrap;
    margin-top:80px;
    margin-bottom: 100px;
}
.cooperation-list {
    width: 210px;
    height: 90px;
    overflow: hidden;
    border: 1px solid #E6E4E3;
```

```
        background:#fff url('../image/cooperation.png') no-repeat 0 0;
}
.list-dx{
    background-position:0 0;
}
.list-lt{
    background-position:-210px 0;
}
.list-tx{
    background-position:-420px 0;
}
.list-yd{
    background-position: -630px 0;
}
.list-xdf{
    background-position: -840px 0;
}
.list-pa{
    background-position: 0 -180px;
}
.list-sn{
    background-position: -210px -180px;
}
.list-jy{
    background-position: -420px -180px;
}
.list-gl{
    background-position: -630px -180px;
}
.list-whh{
    background-position: -840px -180px;
}
.list-dx:hover{
    background-position: 0 -90px;
}
.list-lt:hover{
    background-position:-210px -90px;
}
.list-tx:hover{
    background-position:-420px -90px;
}
.list-yd:hover{
    background-position: -630px -90px;
}
.list-xdf:hover{
    background-position: -840px -90px;
}
.list-pa:hover{
    background-position: 0 -270px;
}
.list-sn:hover{
    background-position: -210px -270px;
}
.list-jy:hover{
    background-position: -420px -270px;
```

```
}
.list-gl:hover{
    background-position: -630px -270px;
}
.list-whh:hover{
    background-position: -840px -270px;
}
<div class="cooperation">
    <div class="cooperation-wrapper container ">
        <div class="cooperation-header ">
            <div class="header-title">
                <h2>Cooperation Center</h2>
                <p>合作伙伴</p>
            </div>
        </div>
        <div class="cooperation-body">
            <div class="cooperation-list list-dx"></div>
            <div class="cooperation-list list-lt"></div>
            <div class="cooperation-list list-tx"></div>
            <div class="cooperation-list list-yd"></div>
            <div class="cooperation-list list-xdf"></div>
            <div class="cooperation-list list-pa"></div>
            <div class="cooperation-list list-sn"></div>
            <div class="cooperation-list list-jy"></div>
            <div class="cooperation-list list-gl"></div>
            <div class="cooperation-list list-whh"></div>
        </div>
    </div>
</div>
```

在浏览器中展示的效果如图 12-18 所示。

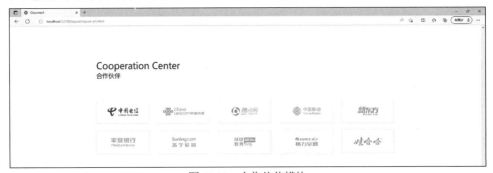

图 12-18　合作伙伴模块

12.10　联系我们

　　"联系我们"模块涉及用户在线留言功能，form 表单元素可以实现用户输入功能，姓名、电话和邮箱使用单行文本域 input，留言内容使用多行文本域 textarea。由于多行文本域 textarea

默认允许用户进行缩放，这样会影响页面的整体展示效果，并使得用户体验变差，因此我们通过 resize:none;禁用缩放功能。具体实现代码如下。

```css
.contact-form ul{
    width: 620px;
    display: flex;
    flex-wrap: wrap;
    margin-top: 30px;
    justify-content: space-between;
}
.contact-msg{
    width: 170px;
    border:none;
    outline: none;
    padding-left:10px;
    padding-right: 10px;
    height: 39px;
    border-bottom:2px solid #999;
}
.concat-info{
    width: 600px;
    height: 25px;
    border:none;
    outline: none;
    margin-top: 30px;
    padding-top: 15px;
    padding-right: 10px;
    padding-left:10px;
    border-bottom:2px solid #999;
    resize:none;
}
.submit{
    width: 620px;
    height: 38px;
    line-height: 38px;
    text-align: center;
    background-color: #E6E6E6;
    color:#999999;
    margin-top: 35px;
}
```
```html
<div class="contact-form">
    <ul>
        <li>
            <input type="text" placeholder="姓名" class="contact-msg">
        </li>
        <li>
            <input type="text" placeholder="电话" class="contact-msg">
        </li>
        <li>
            <input type="text" placeholder="邮箱" class="contact-msg">
        </li>
        <li>
            <textarea name="concat-info" id="" class="concat-info"  placeholder="内容
             "></textarea>
```

```
        </li>
    </ul>
    <div class="submit">提交留言</div>
</div>
```

展示的效果如图 12-19 所示。

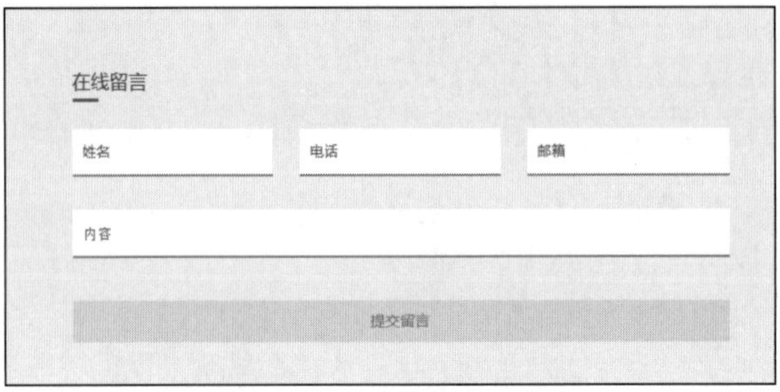

图 12-19　"在线留言"模块

"联系我们"模块完整的示例代码如下。

```
.contact{
    width: 100%;
    padding-top:90px;
    padding-bottom:120px;
    background-color: #F4F5F7;
}
.contact-wrapper{
    width: 1200px;
    display: flex;
    justify-content: space-between;
}
.contact-us{
    width: 160px;
}
.contact-us-title h2{
    font-size: 38px;
    font-weight: 500;
    color: #333333;
    line-height: 42px;
    white-space: nowrap;
}
.contact-us-title p{
    font-size: 14px;
    font-weight: 400;
    color: #666666;
    line-height: 36px;
}
.contact-status{
    font-size: 14px;
    font-weight: 400;
    color: #999999;
    line-height: 27px;
    margin-top: 50px;
}
.contact-way{
```

```
      width: 230px;
  }
  .contact-way-title{
      font-size: 18px;
      font-weight: 400;
      color: #666666;
      line-height: 27px;
      position:relative;
  }
  .contact-way-title:after{
      content:'';
      width: 25px;
      height: 3px;
      background-color: #808080;
      position: absolute;
      bottom:-5px;
      left:0;
  }
  .contact-phone{
      margin-top:30px;
  }
  .contact-phone ul li{
      font-size: 14px;
      font-weight: 400;
      color: #666666;
      line-height: 39px;
  }
  .contact-form ul{
      width: 620px;
      display: flex;
      flex-wrap: wrap;
      margin-top: 30px;
      justify-content: space-between;
  }
  .contact-msg{
      width: 170px;
      border:none;
      outline: none;
      padding-left:10px;
      padding-right: 10px;
      height: 39px;
      border-bottom:2px solid #999;
  }
  .concat-info{
      width: 600px;
      height: 25px;
      border:none;
      outline: none;
      margin-top: 30px;
      padding-top: 15px;
      padding-right: 10px;
      padding-left:10px;
      border-bottom:2px solid #999;
resize:none;
  }
```

```
.submit{
    width: 620px;
    height: 38px;
    line-height: 38px;
    text-align: center;
    background-color: #E6E6E6;
    color:#999999;
    margin-top: 35px;
}
<div class="contact">
    <div class="contact-wrapper container">
        <div class="contact-us">
            <div class="contact-us-title">
                <h2>联系我们</h2>
                <p>CONTACT US</p>
            </div>
            <div class="contact-status">
                <p>以最优质的服务态度</p>
                <p>24 小时致力于全球服务</p>
            </div>
        </div>
        <div class="contact-way">
            <h2 class="contact-way-title">联系方式</h2>
            <div class="contact-phone">
                <ul>
                    <li>座机：0371-86532888</li>
                    <li>手机：15601099222 15601092000</li>
                    <li>合作：18537179270</li>
                    <li>网址：www.yunhe.cn</li>
                    <li>地址：河南省电子商务产业园 3 号楼</li>
                </ul>
            </div>
        </div>
        <div class="contact-online">
            <h2 class="contact-way-title">在线留言</h2>
            <div class="contact-form">
                <ul>
                    <li>
                        <input type="text" placeholder="姓名" class="contact-msg">
                    </li>
                    <li>
                        <input type="text" placeholder="电话" class="contact-msg">
                    </li>
                    <li>
                        <input type="text" placeholder="邮箱" class="contact-msg">
                    </li>
                    <li>
                        <textarea name="" id=concat-info"" class="concat-info"
                         placeholder="内容"></textarea>
                        </li>
                </ul>
                <div class="submit">提交留言</div>
            </div>
        </div>
    </div>
</div>
```

```
</div>
```

整体展示效果如图 12-20 所示。

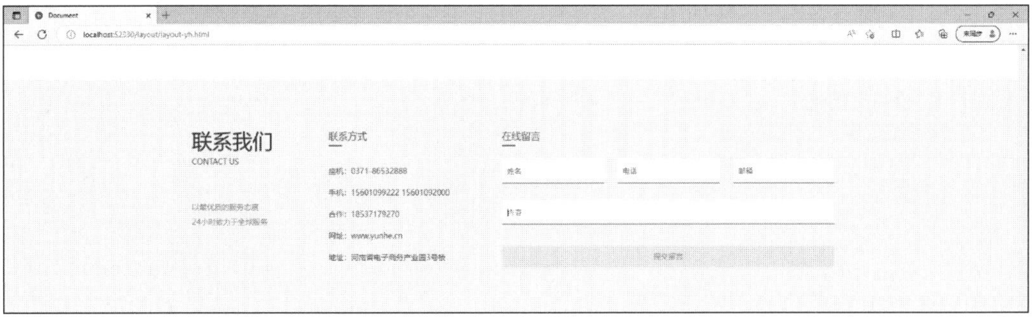

图 12-20　"联系我们"模块

12.11　尾部链接

网站的尾部模块，通常涉及友情链接、售后、服务条款、其他板块、其他功能以及版权和注册等信息。页面结构和布局通常分为两个模块，上部是各种链接，下部是版权和注册信息。本项目的尾部模块布局相对简单，具体实现代码如下。

```
.footer{
    width: 100%;
    height: 338px;
    padding-top:100px;
    background: #121212;
}
.footer-wrapper{
    display: flex;
    justify-content: space-between;
    color:#D6D6D6;
}
.footer-logo img{
    width: 206px;
    height: 36px;
}
.footer-info p{
    width:235px;
    font-size:18px;
    font-weight: 700;
    color:#0C418E;
    margin-top:30px;
}
.footer-nav{
    display: flex;
    width:580px ;
    justify-content: space-between;
}
```

```css
.footer-nav dt{
    font-size: 16px;
    line-height: 47px;
}
.footer-nav dd{
    font-size: 14px;
    color: #999999;
    line-height: 35px;
}
.footer-nav dd a{
    color: #999999;
}
.footer-plat{
    display: flex;
}
.footer-yh{
    margin-left:10px;
}
.footer-yh p{
    margin-bottom:10px;
}
.footer-copyright{
    margin-top:80px;
    border-top:1px solid rgba(255, 255, 255, 0.18);
}
.footer-copyright p{
    text-align: center;
    font-size:14px;
    color:#5C5C5C;
    line-height: 50px;
    margin-top: 10px;
}
.footer-copyright p a{
    color:#5C5C5C;
    margin-left:5px;
    margin-right:5px;
}
<div class="footer">
    <div class="footer-wrapper container">
        <div class="footer-left">
            <div class="footer-logo">
                <img src="image/yhlogo.png" alt="">
            </div>
            <div class="footer-info">
                <p>云和数据|紧缺、核心 ICT 人才生态服务国家级高新技术企业</p>
            </div>
        </div>
        <div class="footer-nav">
            <dl>
                <dt>关于我们</dt>
                <dd>
                    <a href="javascript:;">公司简介</a>
                </dd>
                <dd>
                    <a href="javascript:;">企业文化</a>
```

```
            </dd>
            <dd>
                <a href="javascript:;">荣誉资质</a>
            </dd>
            <dd>
                <a href="javascript:;">组织架构</a>
            </dd>
        </dl>
        <dl>
            <dt>新闻中心</dt>
            <dd>
                <a href="javascript:;">公司新闻</a>
            </dd>
            <dd>
                <a href="javascript:;">媒体报道</a>
            </dd>
            <dd>
                <a href="javascript:;">行业资讯</a>
            </dd>
        </dl>
        <dl>
            <dt>课程中心</dt>
            <dd>
                <a href="javascript:;">H5 前端开发</a>
            </dd>
            <dd>
                <a href="javascript:;">UI 设计</a>
            </dd>
            <dd>
                <a href="javascript:;">JAVA 软件开发</a>
            </dd>
            <dd>
                <a href="javascript:;">大数据人工智能</a>
            </dd>
        </dl>
        <dl>
            <dt>公司板块</dt>
            <dd>
                <a href="javascript:;">云和教育</a>
            </dd>
            <dd>
                <a href="javascript:;">云和技术</a>
            </dd>
            <dd>
                <a href="javascript:;">云和服务</a>
            </dd>
            <dd>
                <a href="javascript:;">云和国际</a>
            </dd>
        </dl>
</div>
<div class="footer-plat">
    <div class="footer-yh">
        <p>云和数据</p>
        <img src="image/yh.png" alt="">
```

```
        </div>
        <div class="footer-yh">
            <p>数云圈</p>
            <img src="image/syq.png" alt="">
        </div>

    </div>
  </div>
  <div class="footer-copyright">
    <p>
        <span>Copyright © 2013-2023 河南云和数据信息技术有限公司</span>
        <a href="javascript:;">豫 ICP 备 14003305 号-5</a>
        <span> ISP 经营许可证：豫 B-20230281 </span>
    </p>
  </div>
</div>
```

整体展示效果如图 12-21 所示。

图 12-21　尾部链接模块

本项目首先对整个网站进行模块划分，从整体考虑，在编写 HTML 结构时考虑代码的复用和扩展性，在编写 CSS 样式时不仅考虑提取公共样式，还考虑到样式覆盖此实现不同的展示效果。实现页面的交互效果设计时考虑使用伪元素，而不需要额外增加 HTML 标签，设计交互效果时考虑用户的体验和实际操作可行性。完成该项目既锻炼我们的整体把控能力和细节处理能力，同时也提升了对代码的熟练应用程度。

第 13 章

响应式布局综合实战

本章将使用响应式布局实现"有风旅行社"的响应式布局综合案例页面，整个页面分为导航、banner、主体内容、底部菜单和版权五个部分。需要结合页面排版、CSS 样式、响应式布局等技术实现。

通过学习本章的综合实战项目，读者能够将页面布局、CSS 样式、响应式更好地融合在一起。能够使项目兼容不同分辨率的设备，为不同终端的用户提供更加舒适的界面和更好的用户体验。

本章学习目标

◎ 掌握响应式布局的使用
◎ 了解不同屏幕尺寸的适配
◎ 掌握响应式布局项目实战

13.1 项目概述

本章会将本书所讲的单独的、琐碎的知识点整合起来实现综合案例。下面制作一个"有风旅行社"响应式布局综合案例，效果如图 13-1 所示。

13.1.1 项目分析

在开发网页之前，要先对设计图进行分析，分析用到了哪些标签，整体页面怎样布局。然后选择自己喜欢的编辑器开始开发。按照要求，对设计图进行一比一还原，编写

图 13-1　项目整体效果

可维护性高、易于扩展、通用性强的代码。

项目技术分析：使用响应式进行整体布局，使用 a 标签添加超链接。使用 img 标签添加图片，使用 width 和 height 属性给图片添加宽高，使用 ul 标签无序列表，使用定位显示图片上的小标题等。

在这个响应式项目中，将显示尺寸分成三种：大于 1225px 的宽屏设备(大桌面显示器)，750~1225px 的中等屏幕设备(桌面显示器)，小于 750px 的超小屏幕设备(手机)。

13.1.2 创建项目目录

进行综合案例之前，需要先创建项目目录，目录有 index.html 文件、CSS 文件夹、JS 文件夹、images 文件夹，如图 13-2 所示。

图 13-2 项目目录

注意：记得添加样式重置的 reset.css 文件。

13.1.3 添加样式重置的代码

在 CSS 文件夹下创建 index.css，作为页面样式。

在 CSS 文件夹下创建 reset.css，作为样式重置的内容。

```css
*{
  margin: 0;
  padding: 0;
}
html,body{
  min-height: 100%;
}
body{
  font-family: "Microsoft YaHei";
}
h1,h2,h3,h4,h5,h6{
  font-weight: normal;
}
img{
  vertical-align: top;
  border: none;
}
```

```
ul, li{
  list-style: none;
}
a{
  text-decoration: none;
}
input,textarea{
  outline: none;
}
input::-webkit-input-placeholder{
  font-size: 12px;
}
button{
  margin: 0;
  padding: 0;
  outline: none;
}

/* 清除浮动 */
.clear::after{
  content: '';
  display: block;
  clear: both;
  width: 0;
  height: 0;
  visibility: hidden;
}
.clear{
  zoom: 1;
}
.fl{
  float: left;
}
.fr{
  float: right;
}
```

13.2 项目开发

开发过程中，可以对当前页面效果进行分析。整个项目分为头部导航和 logo，上半部分 banner 图，热门旅游(主要内容)，底部导航，底部版权等多个模块。

13.2.1 头部导航和 logo 部分

先按照设计图的版心尺寸，使用弹性盒子对 logo 和导航进行排版。使用 ul 和 li 对导航排版，给首页添加获取焦点的样式。最后通过@media screen 添加响应式的效果。

头部导航和 logo html 代码：

```
<!-- 头部 logo+导航 -->
    <div class="header">
        <div class="head-cont">
            <div class="head-logo">
                有风旅行社
            </div>
            <div class="head-title">
                <ul>
                    <li class="active">首页</li>
                    <li>路由资讯</li>
                    <li>机票订购</li>
                    <li>风景欣赏</li>
                    <li>公司简介</li>
                </ul>
            </div>
        </div>
    </div>
```

CSS 样式—普通样式：

```
/* 头部 logo+导航 */
.header {
    height: 70px;
    background-color: #333333;
}

.head-logo{
    width: 163px;
    height: 60px;
    overflow: hidden;
    background:url('../img/logo.png') no-repeat left center;
    background-size: 30%;
    text-align: right;
    color: #fff;
    line-height: 60px;
    font-size: 20px;
}
.head-cont {
    width: 1225px;
    margin: 0 auto;
    height: 70px;
    display: flex;
    justify-content: space-between;
    align-items: center;
}

.head-title ul li {
    float: left;
    width: 120px;
    color: #eeeeee;
    height: 70px;
```

```
    text-align: center;
    line-height: 70px;
}
.active {
    background-color: #000000;
}
```

CSS 样式—响应式样式：

```
/* 头部响应式效果 */
@media screen and (max-width:750px) {
    .head-cont {
        width: 500px;
    }
    .head-title{
        display: none;
    }
}
@media screen and (min-width:750px) and (max-width:1225px) {
    .header {
        background-color: red;
    }
    .head-cont {
        width: 750px;
    }
    .head-title ul li {
        width: 90px;
    }
}
```

如图 13-3~图 13-5 所示为三种设备的不同显示效果图。

图 13-3 宽屏设备显示效果图

图 13-4 中等屏幕设备显示效果图

图 13-5　超小屏幕设备显示效果图

13.2.2　banner 图模块

将图片以背景图的方式添加，并且让图片不平铺，整体居中。然后添加中间的搜索框，搜索框需要在图片的正中间显示，所以需要设置搜索框居中，且去除输入框和按钮的边框，调整圆角和文字大小。

banner 图模块 HTML 代码：

```
<!-- banner 图 -->
  <div class="banner">
    <div class="banner-search">
      <input type="text" placeholder="请输入路由景点和城市" class="banner-inp">
      <input type="button" value="搜索" class="banner-btn">
    </div>
</div>
```

banner 图模块—CSS 样式：

```
/* banner 图 */
.banner{
    height: 600px;
    background: url('../img//search.jpg') no-repeat center top;
    background-size:cover;
    position: relative;
}
.banner .banner-search{
    width: 600px;
    height: 60px;
    margin: auto;
    background-color: rgba(0,0,0,.7);
    position: absolute;
    top: 0;
    left: 0;
    right: 0;
```

```
    bottom: 0;
    border-radius: 5px;
}
.banner .banner-inp{
    width: 468px;
    height: 52px;
    border-radius: 5px;
    margin: 4px 2px 0 8px;
    border: 0;
    outline: 0;
    background-color: #eeeeee;
    text-indent: 10px;
}
.banner-inp::-webkit-input-placeholder{
  font-size:16px;
}
.banner .banner-btn{
    width: 110px;
    height: 52px;
    border-radius: 5px;
    margin: 4px 0px;
    outline: 0;
    text-indent: 10px;
    border: 0;
    font-size:16px;
    color: #66667b;
}
```

banner 图模块—响应式布局样式:

```
/* .banner 部分响应式效果 */
@media screen and (max-width:750px) {
    .banner{
        height: 300px;
    }
    .banner .banner-search{
        width: 500px;
    }
    .banner .banner-inp{
        width: 398px;
    }
    .banner .banner-btn{
        width: 80px;
    }
}
@media screen and (min-width:750px) and (max-width:1225px) {
    .banner{
        height: 400px;
    }
}
```

如图 13-6~图 13-8 所示为三种设备的不同显示效果。

图 13-6　宽屏设备显示效果

图 13-7　中等屏幕设备显示效果

图 13-8　超小屏幕设备显示效果

13.2.3　热门旅游模块

先划分出标题和描述区域，样式为独占一行并且文字居中显示。对应的旅游城市以弹性盒子的方式进行布局，遮罩层文字以定位的方式显示，调整标题中文字的大小和颜色，注意盒子的边距和文字的间距。

热门旅游模块 HTML 代码：

```html
<!-- 热门旅游 -->
    <div class="hot">
        <div class="hot-cont">
            <div class="hot-title">热门旅游</div>
            <div class="hot-desc">国内旅游、国外旅游、自助旅游、自驾旅游、邮轮签证、主题旅游等各种
                最新热门旅游推荐</div>
            <div class="hot-info">
                <div class="hot-item">
                    <div class="item-img">
                        <img src="./img/s1.jpg" alt="">
                        <div class="item-mask">国内长线</div>
                    </div>
                    <div class="item-title">
                        <span class="color">&lt;曼谷-芭提雅 6 日游&gt;</span>包团特惠，超丰富景点，
                            升级 1 晚国五，无自费，更赠送 600 元/成人自费券
                    </div>
                    <div class="item-bottom">
                        <div class="item-price">¥<span class="big">2864</span>起</div>
                        <div class="item-satisfaction">满意度 77%</div>
                    </div>
                </div>
                <div class="hot-item">
                    <div class="item-img">
                        <img src="./img/s2.jpg" alt="">
                        <div class="item-mask">出境长线</div>
                    </div>
                    <div class="item-title">
                        <span class="color">&lt;马尔代夫双鱼岛 OLhuveli4 晚 6 日自助游&gt;</span>
                            上海出发，机+酒包含：早晚餐+快艇
                    </div>
                    <div class="item-bottom">
                        <div class="item-price">¥<span class="big">8039</span>起</div>
                        <div class="item-satisfaction">满意度 97%</div>
                    </div>
                </div>
                <div class="hot-item">
                    <div class="item-img">
                        <img src="./img/s3.jpg" alt="">
                        <div class="item-mask">自助旅游</div>
                    </div>
                    <div class="item-title">
                        <span class="color">&lt;海南双飞 5 日游&gt;</span>含盐城接送，全程挂牌四星
                            酒店，一价全含，零自费"自费项目"免费送
                    </div>
                    <div class="item-bottom">
                        <div class="item-price">¥<span class="big">2709</span>起</div>
```

```
                        <div class="item-satisfaction">满意度 90%</div>
                    </div>
                </div>
                ...
            </div>
        </div>
    </div>
```

热门旅游模块 CSS 代码：

```css
/* 热门旅游 */
.hot{
    background-color: #fff;
}
.hot-cont{
    width: 1225px;
    margin: 0 auto;
}
/* 热门旅游标题 */
.hot-title{
    text-align: center;
    font-size: 40px;
    font-weight: bold;
    color: #666666;
    margin: 40px 0 20px 0;
}
/* 热门旅游描述 */
.hot-desc{
    text-align: center;
    font-size: 14px;
    color: #666666;
}
/* 旅游模块 */
.hot-info{
    display: flex;
    justify-content: space-around;
    margin-top: 30px;
}
.hot-info .hot-item{
    width: 370px;
    height: 330px;
    box-sizing: border-box;
    border: 1px solid #dddddd;
    border-radius: 5px;
    padding: 5px;
    margin: 10px;
}
.hot-info .item-img {
    position: relative;
}
.hot-info .item-img img{
    border-radius: 5px;
```

```
    width: 100%;
}
/* 图片上遮罩层 */
.item-img .item-mask{
    position: absolute;
    top: 0;
    left: 0;
    background-color: #59b200;
    color: #fff;
    padding: 2px 4px;
}
/* 旅游标题 */
.hot-info .item-title{
    color: #777777;
    font-size: 14px;
    line-height: 24px;
}
.item-title .color{
    color: #333;
}
.item-bottom{
    display: flex;
    justify-content: space-between;
    align-items: center;
}
.item-bottom .item-price{
    color: #ff6600;
}
.item-price .big{
    font-size: 22px;
}
```

热门旅游模块响应式效果：

```
/* 热门旅游部分响应式效果 */
@media screen and (max-width:750px) {
    .hot-cont{
        width: 500px;
    }
    .hot-info .hot-item{
        width: 430px;
        height: 360px;
    }
}
@media screen and (min-width:750px) and (max-width:1225px) {
    .hot-cont{
        width: 750px;
    }
    .hot-info .hot-item{
        width: 220px;
        height: 250px;
    }
}
```

如图 13-9~图 13-11 所示为三种设备的不同显示效果。

图 13-9　宽屏设备显示效果

图 13-10　中等屏幕设备显示效果

图 13-11　超小屏幕设备显示效果

13.2.4　底部菜单效果

底部菜单使用 flex 弹性盒子进行布局，里面的列表使用 ul、li 进行布局，中间的虚线使用边框实现。

底部菜单 HTML 代码：

```
<!-- 底部菜单 -->
  <div class="footer">
    <div class="footer-cent">
      <div class="footer-item">
        <div class="footer-title">合作伙伴</div>
        <div class="footer-list">
          <ul>
            <li>途牛旅游网</li>
            <li>驴妈妈旅游网</li>
            <li>携程旅游</li>
            <li>中国青年旅游网</li>
          </ul>
        </div>
      </div>
      <div class="footer-item">
        <div class="footer-title">旅游 FAQ</div>
        <div class="footer-list">
          <ul>
            <li>旅游合同签订方式？</li>
            <li>儿童家是基于什么指定的？</li>
            <li>旅游的线路品质怎么界定的？</li>
            <li>单房差是什么？</li>
            <li>旅游保险有那些种类？</li>
          </ul>
        </div>
      </div>
      <div class="footer-item">
        <div class="footer-title">联系方式</div>
        <div class="footer-list">
          <ul>
            <li>微博：weibo.com/ycku</li>
            <li>邮件：ycku@ycku.com</li>
          </ul>
        </div>
      </div>
    </div>
  </div>
```

底部菜单 CSS 代码：

```
/* 底部导航 */
.footer{
    background-color: #222222;
    border-bottom: 1px solid #444444;
```

```
    padding-bottom: 20px;
}
.footer-cent{
    width: 1200px;
    margin: 0 auto;
    display: flex;
    justify-content: space-between;
    /* padding: 0 80px; */
    flex-flow:row wrap;
    color: #777777;
}
.footer-item{
    margin-top: 25px;
    width: 370px;
}
.footer-title{
    color: #cccccc;
    font-size: 22px;
    border-bottom: 2px dotted #333333;
    line-height: 60px;
    margin-bottom: 20px;
}
.footer-list li{
    font-size: 14px;
    margin: 10px 0;
}
```

底部菜单响应式布局代码：

```
/* 底部导航响应式效果 */
@media screen and (max-width:750px) {
    .footer-cent{
        width: 500px;
    }
    .footer-item{
        width: 430px;
    }
}
@media screen and (min-width:750px) and (max-width:1225px) {
    .footer-cent{
        width: 750px;
    }.
    .footer-item{
        width: 220px;
    }
}
```

如图 13-12~图 13-14 所示为三种设备的不同显示效果。

图 13-12　宽屏设备显示效果

图 13-13　中等屏幕设备显示效果

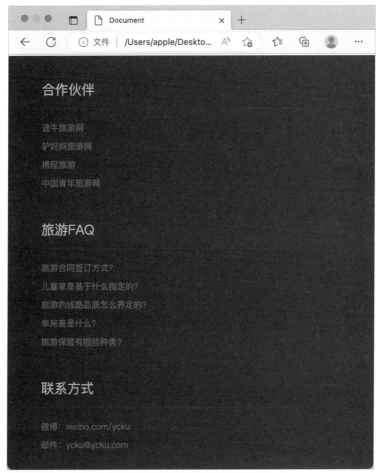

图 13-14　超小屏幕设备显示效果

13.2.5 版权部分

版权部分的内容比较简单，文字整体是上下居中的，只需要在屏幕缩小的时候，调整文字的大小即可。

版权部分 HTML 代码：

```html
<!-- 版权部分 -->
    <div class="copy">
    <div class="copy-center">
        Copyright&copy;   有风旅行社  1201111000 号丨旅行社经营许可证:
        L-YC-BK12345
    </div>
</div>
```

版权部分 CSS 代码：

```css
/* 版权内容 */
.copy{
    height: 80px;
    text-align: center;
    line-height: 80px;
    color: #777777;
    background-color: #000;
}
```

版权部分响应式代码：

```css
@media screen and (max-width:750px) {
    .copy{
        font-size: 12px;
    }
}
@media screen and (min-width:750px) and (max-width:1225px) {
    .copy{
        font-size: 14px;
    }
}
```

如图 13-15~图 13-17 所示为三种设备的不同显示效果。

图 13-15 宽屏设备显示效果

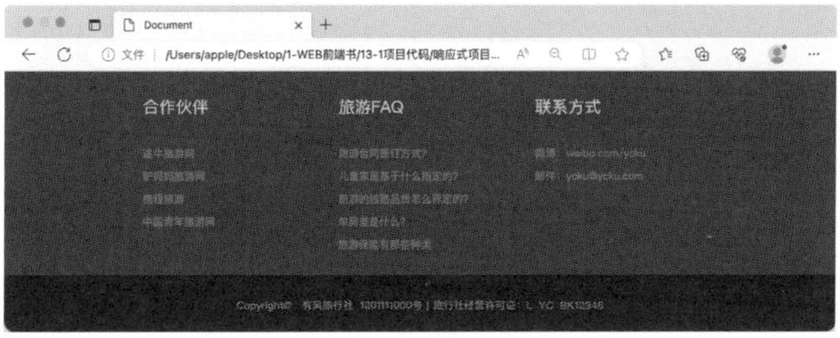

图 13-16   中等屏幕设备显示效果

图 13-17   超小屏幕设备显示效果

最终效果如图 13-18 所示，具体代码参考所附配资源 13-1 项目代码文件夹。

图 13-18   页面整体效果

13.3 本章练习

1. (　　)对文字进行水平方向上的居中。

    A line-height: 行高;   B. text-align: center;

    C. vertical-align: center;   D. 不需要，默认就是居中效果

2. 下面(　　)颜色是灰色。

    A. color: #f00;   B. color: #0f0;   C. color: #ff0;   D. color: #ccc;

3. 利用(　　)添加无序列表。

    A. \<ul>\</ul>   B. \<ol>\</ol>   C. \<dl>\</dl>   D. \<li>\</li>

4. 下面(　　)路径引入方式是相对路径。

    A. \<img src="./img/logo.png" alt="">

    B. \<img src="C:images/img/logo.png" alt="">

    C. \<img src="http://www.baidu.com/images/logo.png" alt="">

    D. \<img src="/img/logo.png" alt="">

5. 以下(　　)标签用于在表单中构建复选框。

    A. \<inputtype="text"/>

    B. \<inputtype="radio"/>

    C. \<inputtype="checkbox"/>

    D. \<inputtype="password"/>

参考文献

[1] 刘远波. HTML5 与 CSS3 基础教程[M]. 北京：人民邮电出版社，2013.

[2] Andy Budd, Cameron Moll, Simon Collison. 精通 CSS：高级 Web 标准解决方案[M]. 北京：人民邮电出版社，2008.

[3] Lea Verou. CSS 揭秘[M]. 北京：中国电力出版社，2016.

[4] 霍春阳. HTML5 高级程序设计[M]. 北京：人民邮电出版社，2014.

[5] 高洪岩. Web 前端开发：HTML、CSS、JavaScript 权威指南[M]. 北京：电子工业出版社，2015.

[6] Ethan Marcotte. 响应式 Web 设计：HTML5 和 CSS3 实战[M]. 北京：人民邮电出版社，2015.

[7] Simon Collison, Andy Budd, Cameron Moll. CSS Mastery: Advanced Web Standards Solutions[M]. 北京：机械工业出版社，2010.

[8] 张帆. HTML5 游戏开发实战[M]. 北京：电子工业出版社，2015.

[9] 沈建忠. 深入浅出 HTML 与 CSS[M]. 北京：人民邮电出版社，2016.

[10] 许剑伟. CSS 布局实录：流式、响应式、自适应和固定布局[M]. 北京：电子工业出版社，2016.